湛庐CHEERS

与最聪明的人共同进化

HERE COMES EVERYBODY

AR改变世界

WHAT AUGMENTED REALITY MEANS FOR OUR LIVES, OUR WORK, AND THE WAY WE IMAGINE THE FUTURE

[美] 戴维·罗斯 著
David Rose

李莎 译

四川科学技术出版社

SUPER SIGHT

你了解 AR 吗?

扫码激活这本书
获取你的专属福利

扫码获取全部测试题及答案，一起感受理性的魅力

- 想象一下，当你戴着 AR 眼镜遇到一位朋友，在跟朋友聊天时，AR 眼镜有可能会在朋友的头顶上方显示什么？（　）

  A. 朋友的日程信息

  B. 你与朋友共有的兴趣爱好

  C. 你与朋友在工作上可能达成的合作

  D. 以上全部

- 当你在超市购物时，增强现实（AR）可以帮你远离让你过敏的商品，这是因为（　）

  A.AR 可以屏蔽让你过敏的东西

  B.AR 可以清除商品中的过敏原

  C.AR 可以对你进行脱敏治疗

  D.AR 会阻止这些商品进入商场或超市

- 如果你不想看到路边的垃圾桶，那么增强现实（AR）会用灌木丛代替这些垃圾桶。这是真的吗？（　）

  A. 真

  B. 假

扫描左侧二维码查看本书更多测试题

目　录

超越现实，AR[①] 正在重塑未来

想象一下：12 月的一个清晨，天很阴沉，你戴着新的增强现实眼镜，沿着纽约的拉斐特街漫步。这款眼镜很新潮，配有微型数据投影仪和光学组合器，可以做到虚实融合——虚拟世界和现实世界几乎无法被区分开来。你只要动一动头部，全息数字层就会混合并叠加到现实世界，这种新颖的观察世界的方式是量身定制的。你旁边的行人看到的则是不同的影像，但也同样是经过精心设计的。

首先，你会注意到眼前的世界正变得更加丰富多彩，同时也充斥着海量的信息。在抬头向上看时，天际线处，你会看到还没建造起来的建筑，它们是半透明的，其中一些建筑还处于设计草图阶段，以便下次开分区会议时能得到你的反馈；另一些建筑则配有详细的信息，并标明了预计完工日期。还有，你最好不要盯着那些高层住宅看太久，否则你会立马收到那些关于房产的广告，而且这些广

---

① 全称为 augmented reality，汉译名为“增强现实”。全书将根据具体语境交叉使用“AR”和“增强现实”。——编者注

告会被全景投射到你所居住公寓的窗户上。

再往下看，街道上叠加了拓宽的人行道和自行车道图像，这些改造工程会在未来几个月开展。同时呈现的还有一张图表，显示自行车事故发生率有所下降。根据你的系统偏好，颇受好评的餐馆会浮现在你的眼前，并在你走路时为你推荐菜肴——右边是意大利饺子，左边是寿司船，而在正前方，是一碗热气腾腾的拉面，这足以让你驻足停留。

其次，棘手的问题则是，这些增强技术并非没有情感。投射出的经过优化的影像旨在刺激你大脑的特定部位，同时这些影像会展现更积极的一面，这或许也是配置偏好。你的专属人工智能（AI）——“现实编辑器”会推断出，你今天不想看到它早上在街道上发现的垃圾桶，所以它会用虚拟灌木丛和树木代替垃圾桶，而虚拟灌木丛和树木影像则来自你童年时候的家庭前院。纽约市看起来无比美好！要是气味能有查找和替换功能就更好了。由于眼镜通过脑电图和太阳穴上的皮电反射来感知你的情绪，并跟踪你的瞳孔扫视活动（当专注于某场景时你的眼睛是如何下意识地飞速转动的），所以你看到的东西会迅速随之做出反应。如果你早上闷闷不乐，那么你的眼镜就会扭曲现实，以便振奋你的精神：它们会照亮阴云密布的天空，加入夏日的阳光，逐渐增强与你的脚步相匹配的音乐节奏，此刻蔚蓝的天空上会出现励志的话语，云彩汇成了你的口头禅：“你能行的！”

再次，你会意识到这种看世界的方式比社交网站的社交性更强。广告牌上不再是街头小广告，而是播放着的视频，视频里你的朋友和最喜欢的明星在与你讲话，他们的话语还可以被翻译成西班牙语，以帮助你提升词汇量，为即将到来的假期旅行做好准备。人行道上也像好莱坞的星光大道上一样镶嵌着名字和头像，包括你的亲戚和你最亲近的教授和导师。多么好的回忆往事的方式呀！

你最近在寻找一件时髦的夹克，所以你的增强现实眼镜会呈现其他人时下正在穿的流行款式。如果你在看到某个款式时立刻不经意做出“扬眉”的动作，眼镜就会帮你将其标记在书签上。多亏了 Tinder AR 智能眼镜应用程序，你可以自动“删除”最近碰巧遇上的不太顺利的约会，比如上周给你留下阴影的那次约会。就像在英国电视剧《黑镜》（*Black Mirror*）中一样，这些约会对象总会时不时地像幽灵一样出现在你的脑海里。如果你说再也不想见到他们了，智能眼镜立即就能帮你达成心愿。

稍后，你再次出门，这次是跑步。导航很容易，因为你只需沿着一条黄色砖路跑步，这条路是专为你设计的。昨天的10公里，最先和你一起跑的是电影《烈火战车》（*Chariots of Fire*）中的苏格兰人[①]，然后是洛奇[②]，最后是牙买加短跑名将尤塞恩·博尔特（Usain Bolt），他和你一起进行了最后的冲刺。这很有趣，但是带来的动力没有预期的那么强劲。今天，你的眼镜又在你看到的景象中叠加了一群僵尸来追你。如果你的配速比昨天快，他们就抓不住你。也因此，你最后超过了昨天的配速！这些智能眼镜不仅可以扭曲现实、编辑现实，还可以预测未来。当你跑步经过商店橱窗时，橱窗里会映射出你年老时的形象：两鬓斑白，但是穿着 2032 年奥运会的 T 恤衫，你看起来精瘦、敏捷、健康。

我将这种新型的视觉现实称为“超视”（SuperSight）。

眼睛的进化

人眼是一种神奇的器官，拥有超过 1.2 亿个感光细胞，可以识别 1 000 万种颜色，同时也拥有全身最活跃的肌肉，这些肌肉使我们的平均眨眼时间仅为 100

① 苏格兰人指的是该部电影中的短跑名将利德尔。——编者注

② 洛奇是电影《洛奇》（*Rocky*）中通过晨跑锻炼体能的拳击手。——编者注

毫秒。人眼包含 200 多万个可活动部分，复杂程度仅次于大脑。尽管人眼如此之奇妙，但几千年来它的进化并不显著。虽然我们发明了眼镜来矫正视力，发明了显微镜和望远镜来完成特殊的观测任务，但我们的祖先和我们感知世界的能力相差无几。未来 10 年，由于一系列技术呈现出指数级发展，这种情况将发生根本性变化。人类的视野将经历一场史诗般的进化，我希望能为你呈现出这一画面，让你能够身临其境。

可能你已经熟悉了虚拟现实（virtual reality，VR）的概念，熟悉了像 Oculus Quest 公司的或是 HTC 公司的 VIVE 系列这种虚拟现实沉浸式头显，这类头显能够将佩戴者带入奇幻的游戏世界。《AR 改变世界》这本书并不是关于虚拟现实的，那些可穿戴的虚拟现实设备让我们远离现实，其中的景象都是不透明的，这会让你的体验脱离周遭世界。超视则将信息放置于现实场景之上，在现实的世界之上叠加了一个新的维度。正如美国参数技术公司（PTC）的首席执行官吉姆·赫佩尔曼（Jim Heppelmann）所言："用信息装饰我们周围的现实世界要有用得多。"吉姆在空间计算（spatial computing）[①] 软件创新方面颇有建树。这种通过信息叠加结合到现实世界中的装饰，通常被称为增强现实 [②]。

最初，AR 的探索性研究得到发展是出于军事用途的考虑。20 世纪 90 年代初，在美国空军研究实验室，工程师们想要简化远程操作员控制机械手臂的方式。他们使用光学组合器将使用者的实际手臂图像叠加于机器人手臂图像之上，并混合计算机生成的图像与房间的视图，以模拟物理障碍。数字信息和现实世界实现混搭，增强现实由此诞生。后来，研究人机工程学的航空航天工

① 空间计算：思考数字信息的组织方式的新方法，遵守位置优先原则。信息和服务锚定在现实世界或与有形物体相连。

② 增强现实：叠加于现实世界之上的数字信息层。它不同于虚拟现实，虚拟现实中你看到的都是不透明的投影。

程师发现了 AR 的另一大优势：它可以将飞机仪表盘信息转移到离飞行员视线更近的窗口显示器上，从而减轻飞行员的认知负荷。工程师们在平视显示器（head-up display，HUD）的基础上又研发了空军飞行员头盔，使用 HUD 进行目标定位和着陆引导。

2016 年，微软推出了首款可广泛使用的 AR 耳机 HoloLens。它使用了最初为 Kinect 游戏的 3D 传感器开发的跟踪技术，用于深度感知和身体跟踪。此技术已经在关于展示界面的学术研究中使用了一段时间。大约在同一时间，业内人士开始使用“混合现实”（mixed reality，MR）这个术语来描述这些增强效果，因为它们变得越来越丰富，反应也越来越灵敏。这一转变得益于两项技术：

- 测距深度相机，可以读取佩戴者面前世界的各个维度。
- 实时图形绘制技术的改进，可以根据环境的变化定位动态的、交互式的数字覆盖。

这意味着虚拟物体可以被放置于特定的位置，如放置于桌子上、半隐藏于门后面，或者飞跃于窗户之上。在第一代谷歌眼镜中，虚拟物体只能盘旋在半空中。

新兴行业经常会碰上命名的问题。2018 年的一段短暂时间里，我们尝试将包括 VR、AR 和 MR 的所有沉浸式技术归类为同一个名字——“扩展现实”（extended reality，XR）。这种命名令人感到困惑，即使是对这个新兴行业的一小部分研发者、投资者和记者来说也是如此。今时今日，我们开始使用一个更为确切的术语——空间计算，来描述这个新范式。同时也有人使用“环境计算”（ambient computing）这一术语。两者都描述了沉浸式计算的未来方向：将现实世界与数字增强融合在一起。这与智能手机“随时随地”的承诺大相径庭。

空间计算将重心放在了地点和环境上，信息围绕着我们所理解和接触到的世界的物理性质进行组织。

社交平台 Snap 和 Instagram 的粉丝已经体验到了空间计算将数字内容添加到现实世界之上的能力。每次你在自己脸上添加可爱的考拉鼻子、兔子耳朵、彩虹，或者通过伸舌头来制作 3D 苹果 Animoji 独角兽玩偶动画时，你都在使用计算机视觉和缩放数字投影技术。很多品牌也毫不犹豫地加入了进来，用真正的产品来“装饰”你的脸，比如沃比帕克（Warby Parker）眼镜公司和丝芙兰化妆品公司。不久，美发沙龙会为路过的顾客提供新发型预览服务，施华洛世奇会展示与你的服装很搭配的耳环和项链。齿形矫正公司 SmileDirectClub 在扫描了你牙齿的当前排列状况后，已经能够为你提供“微笑之旅”的动画预览。同理，社交媒体上主打“快速无痛”的整容手术广告很快就会通过手机屏幕上的镜子放大你的缺陷。相比鼓励人们永久地改变自己的身体，面部滤镜可能会平息人们对需要整容手术的焦虑。当你可以无休止地体验虚拟世界时，还有必要改变现实世界吗？

大多数 Snap 的滤镜都是在自拍模式下使用的，但你手机的另一个摄像头，即后置摄像头同样也具有增强功能，不仅仅在手机游戏《宝可梦 GO》（*Pokémon Go*）中是这样。一些商品，比如乐高，当你用手机扫描它们的包装盒时，手机就会弹出“构建者体验”的延时动画。很快，更多的产品公司将使用超视来优化它们的包装，以显得“更加用心”。它们会将场景制作成动画，激发顾客的想象力，讲好产品线的故事，交叉销售[①]，并最终赢得顾客的青睐。

① 交叉销售指利用产品在使用上的伴随性进行销售的营销活动。包括将彼此伴随使用的两个产品在商店内放在一起销售，或者销售与顾客已经购买的产品具有伴随使用特点的新产品。——编者注

在今天的研究和创新实验室中，各个智能手机制造商、社交媒体巨头、游戏工作室和无线运营商都在竞相创新、演示、获取专利，旨在“掌握”这一未来平台，或者至少是掌握软件或硬件堆栈[①]的关键部分。在新一轮超视浪潮中，各家公司争相创新，研发抓人眼球的软件应用程序、可穿戴设备及商业模式，形成一片新的气象。各家科技公司则像一个巨大的多层蛋糕，依托彼此的软件平台和工具，发现各种新的应用及其局限性，并寻求新的途径和解决方案。例如，具身多模态交互设计就是通过研究徒手手势（如捏、伸展和滑动）[②]、头部姿势、语音命令和凝视等动作的组合来告诉系统你想要做什么，这些研究将结合我们所看到的情况，决定我们与这些数字层互动时所使用的词汇。

这一波即将到来的计算技术的市场是巨大的。即使是保守的金融分析师也会给出下列预测：2019—2024 年，AR 市场的复合年均增长率为 46.6%，到 2024 年行业收入将增长至 727 亿美元，到 2028 年将超过 3 000 亿美元。而市场最重要的驱动力则来自几乎所有科技巨头不断增加的投资，包括美国的亚马逊、谷歌、苹果、IBM、微软、英特尔、康卡斯特、高通和 Facebook，中国的百度、阿里巴巴和腾讯，韩国的三星、LG，日本的索尼、佳能和松下。抢先诸多科技巨头一步进入该市场的是嗅觉灵敏的初创企业，如 nReal 公司。该公司的 AR 眼镜视野清晰、质量较轻，售价 500 美元，而且能够绑定手机，利用手机的计算能力和网络连接。有些公司甚至更为雄心勃勃，正在试验具备超视功能的隐形眼镜，其中 Mojo Vision 公司推出的样品已经可以投入使用。图 0-1 展示的是一种增强现实眼镜的大致情况。

---

① 在计算机领域，堆栈指一端固定、另一端浮动的存储区或寄存器。——编者注

② 一个相关概念是徒手手势界面，即支持手语的交互方式，用于同数字代理沟通。我们最开始是用键盘之类的控制器与电脑互动，然后是鼠标和笔。在过去的 10 年里，语音技术得到了改善并主导了许多日常互动。现在，计算机视觉系统可以看到手指和手，并能以令人难以置信的精度识别手势，即使是从远处。

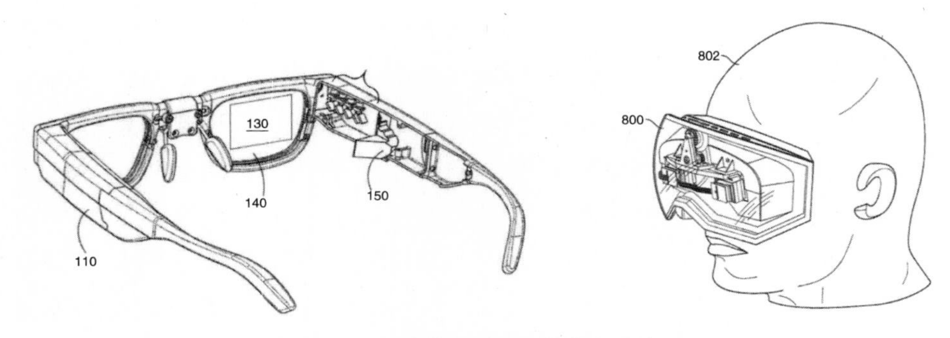

图 0-1　一种增强现实眼镜的大致情况

注：各大型平台都在开发超视，谷歌、苹果和三星等公司越来越多的相关专利就是极有力的证明。

每 10 年就会出现一项新的技术，集诸多创新于一体，使我们的生活和工作方式实现跨越式发展。10 年前，只有最具先见之明的未来学家才会预见智能手机（多点触摸屏 + 摄像头 + 电话）、无人机（传感器 + 飞行控制算法 + 远程无线电发射和接收系统）、基于语音的数字助手（自然语言处理+语音识别+云服务）、门铃摄像头及联网恒温器等技术未来发展的无限可能性。

超视就是这一个 10 年的融合新技术。它继承了过去 30 多年的使能技术（enabling technology）[①]，如机器学习、计算机视觉、可穿戴设备、边缘计算、5G、深度定制化、情感计算，以及手势和语音等新的交互范式等，所有这些技术都融合于我们所熟悉的日常佩戴的眼镜中（如图 0-2 所示的 North 公司的眼镜）。这些组件技术日趋成熟、实现微型化，并能很好地融于智能眼镜中，它们带来的影响将涉及生活的各个领域，并将改变我们与信息及彼此之间的互动方式。智能眼镜将像今天的智能手机一样变得常态化且无处不在。

① 一项可以使一个用户或一种文化的能力获得彻底改变的发明或创新。——编者注

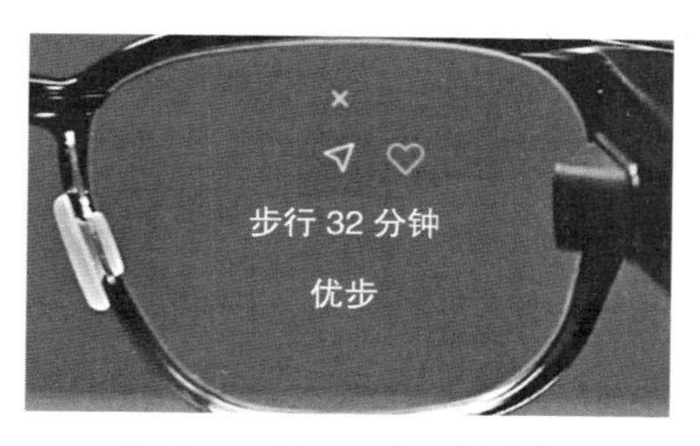

图 0-2　North 公司的眼镜

注：眼镜制造商 North 公司的眼镜能够提供导航、个人提词器和优步网约车预计到达时间等服务，该公司已被谷歌收购。

增强世界，不可阻挡。在本书的每一章中，我都会梳理增强世界中的一个领域：包括我们的联系方式、饮食方式、购物方式及合作方式，甚至是学习的未来及想象力的未来。如果成功的话，我希望能帮助你预见这种转变，甚至是激发你的想象力，帮助你研发出一个新产品或是开创一家新公司。

诚然，很难预测超视眼镜的采纳曲线①的斜率。它们会以多快的速度扩展到工作环境之外？我预计最初它们会遵循 Apple Watch 的轨迹，因为它们的售价很贵（500 ～ 1 200 美元），具有自由支配性，且需要一定的护理和输入，比如每晚充电。按照这个剧本发展的话，它们将首先作为时尚和自我品牌的展示而被纳入时代文化精神，其次被纳入的才是其功能性。像 21 世纪第一个 10 年的移动设备、语音接口和智能手表所经历的那样，超视也将深深融入时代文化之中。智能眼镜改变的不仅仅是我们所看到的内容，其增强现实的能力将改变人类看世界的方式。原因在于它们最好被看作我们全天候必须借助的辅助工具，而不仅仅是可有可无的备选工具。从心理上而言，可穿戴物品与身体融为一体，就像手表、鞋子、头盔或头灯一样，代表着我们能力的进化程度——它们是我们的一部分。

① 用以描绘选用新产品的总人数与其产品开发后总时间的对比。——编者注

智能眼镜为佩戴者提供了绝佳的信息优势，就像借助谷歌玩拼字游戏一样。它们赋予使用者更强的记忆力、可视化能力及分析能力，使用者可以更深刻、更迅速地看到世界的复杂性和相互联系；它们使我们具备了一些动物的能力，我们的感知力也将从局限的电磁波谱扩展到更短的红外光谱和更长的紫外光谱，像蝙蝠一样可以透过雾和黑暗“看”得更远，像配备了 X 射线一样，我们可以看到发动机、建筑物和水体的内部。此外，它们的空间投影能力使我们的视觉在时间维度上更具弹性、在物理维度上范围更广，远超出我们现今的想象力。如果超视赋予的这些超能力为真，我们的感知系统将由此继续进化。

超视系统也在迅速实现小型化。现在，整套光学系统，包括微控制器、电池和天线，均可装入普通眼镜、衬衫纽扣，也可以装入吞咽的药丸中来代替内窥镜检测结肠息肉。图 0–3 展示了 Snap 眼镜这一小型化系统。整个系列的超视装备，值得期待！

图 0–3　包含了小型化超视系统的 Snap 眼镜

注：Snap 眼镜主要通过摄像功能将你的所见直接上传到你的订阅中。值得一提的是，这确实很炫酷。

在医疗保健一章中，你将了解到在许多诊断方面计算机视觉算法的表现是怎么优于人类医生的。同时你也会了解到这对未来工作的意义，不仅仅局限于医疗领域从业人员，同样也包括任何有可能被视觉人工智能赋能或带来威胁的领域。毕竟，超视的创新性具有颠覆意义，而且，即使是最有益的技术也存在着不足之处。

进化的权衡与损失

进化的推进不可避免地会伴随着权衡与损失。纵观整个动物王国的视觉系统，生物学在这方面给我们上了生动的一课。

人眼 80% 的感受细胞是视杆细胞，主要用于感知亮度的变化；其余为视锥细胞，主要感知颜色。然而，猫的眼睛中，96% 的细胞是视杆细胞，所以猫并不是不懂得欣赏你新买的枕头花色，而只是因为它们的眼睛感知颜色的能力较弱。眼睛中，视杆细胞和视锥细胞的比例有着明确的模式：肉食动物对颜色的感知力较差，为了跟踪猎物，它们的视觉系统在进化中更为注重速度、光线和景深。相比之下，白天觅食的人类与食草动物的视觉进化得能够区分美味的紫色浆果和邻近有毒的粉红色浆果。在进化中，猫头鹰的视觉在孔径上得到优化，但转动眼睛的能力消失了——猫头鹰可以在漆黑的夜晚看到很远的地方，但要看向侧面，就必须转动整个头部。水下生物的视觉也有类似的权衡现象：自然选择牺牲鱼类的双目视力来换取非常广阔的视野。相比拥有三维的视野，能够看到从后面悄悄游过来的猎物似乎更为重要，这种现象在动物王国中很常见。

技术中也同样存在着为了优化而出现的权衡——工具越强大，权衡就越不可避免。现在很多国家政府利用超视为城市公共汽车配备人工智能摄像头，交警能够及时发现危险驾驶行为，从而使道路交通更加安全。配备人工智能的无人机可能帮助我们监控建筑工地安全、防止偷猎者杀害犀牛等。

《AR 改变世界》中提到的几乎每一个计算机视觉应用在给我们带来惊喜的同时，也不可避免地带来了一些隐忧。预测这些技术带来的影响与后果既颇具意义，也极其复杂；但是，不能仅仅因为技术影响这个问题非常困难和棘手，就认为技术会带来反乌托邦的未来。就像活字印刷术、电报、电灯、青霉素、汽车或 CRISPR 基因编辑技术一样，超视对社会来说也是一项具有里程碑意义的发明，既带来希望，也带来危险。**对于增强技术的未来，我们的想象越透彻生动，我们对空间计算技术的使用就能在伦理上越合规，也就越能控制其不利的一面、发挥其有利的一面。**我希望能加深你的理解，并让你对这个重要的话题产生兴趣。

接下来的章节中，我们会分析超视带来的后果，这里重点列出 6 种截然不同的危害，并提供建议措施帮助缓和或消除这些危害。每一种危害都代表了一组或多组紧张的利益关系：盈利的商业模式与人类的心理健康，或是零摩擦的个性化定制与强有力的隐私保护措施。以下是这 6 种危害。

- **危害 1：社交绝缘，人与人之间的交流将变得难上加难**

当我们每天都徜徉于自己独立的、个性化的现实中时，人与人之间的联系和社区意识可能会受到影响。我们可以选择将任何想要的图形和皮肤添加到周围的世界中，人与人之间的目光交流将变得难上加难。计算机视觉可能会让我们沉浸在个人与世界的对话中，减弱了我们理解他人和与他人感同身受的能力。

- **危害 2：监视状态，它将变得更加无处不在**

现在，摄像头已被安装在从学校走廊到家庭门铃的任何事物上，而将来通过嵌入我们的眼镜框，它将变得更加无处不在。这些摄像头的功能会变得更强大，协调性更高，感知力更强。这些数据会被组合在一起，以提供个性化定制等有价值的服务，它还将为公司提供前所未有的侵犯我们隐私的机会，了解我们喜欢什么、购买什么、去哪里、在做什么，以及和谁一起做这些事情。

- **危害 3：认知拐杖，我们可能会变得过度依赖它们**

诸如全球定位系统（GPS）之类的辅助技术经常导致我们失去某些技能，比如不再去练习阅读地图、书写或测向等技能。空间计算技术使我们可以把整个世界变成一间教室，我们打网球时、修理房子时及第一次约会时，都有私人助手辅导，我们可能会变得过度依赖它们。

- **危害 4：说服无处不在，不断影响我们的行为和消费习惯**

我们已经习惯用个人数据换取免费的数字服务（比如在谷歌和 Facebook 上）。在计算机视觉时代，公司和品牌不仅能够看到我们的搜索历史和活动日程表，还能够看到我们看到的事物。这就意味着他们可能会以前所未有的方式影响我们的行为和消费。

- **危害 5：训练偏差，我们必须将自己的生命托付给这些自动系统**

依靠计算机视觉的判断，无论是关于医学诊断还是关于是否选择在通过黄灯时加速，我们必须将自己的生命托付给这些自动系统，但对它们的准确性及训练方法通常不太清楚。超视学习的数据集已经存在巨大的偏差，尤其是涉及种族和性别方面的内容。

- **危害 6：服务部分人的超视**

在任何技术的发展历程中，社会不平等在早期都会根深蒂固。随着超视的发展，我们会创造更多的数字种姓制度吗？

对技术的隐忧

是不是突然对计算机视觉、人脸识别、AI 及万物互联产生了矛盾的心情？很多人都有同感。尽管我已经帮助开发了此类技术创新性最强的应用程序，但对于这些技术带来的不可避免且令人不安的后果，我常常会感到纠结。

作为企业家和未来学家，我痴迷于使用新材料和新技术进行重新设计和重新发明。我在本科时学习物理和美术，两个学科都在试图理解和捕捉光线，而且我从十几岁时就疯狂地爱上了摄影。11 岁时，我在父母家的地下室里建造了一间暗室，从那以后，我就一直在同自己的黑白胶片打交道，与此同时我也会点燃、躲避和不小心吸入定影剂。

大学时期，我在校园里举办过摄影展。能够展示自己的作品并收到别人的反馈总是令我激动。除了美国著名的文理学院——圣奥拉夫学院的师生和我的父母，没有其他人能看到我拍的照片。这就是为什么在 20 世纪 90 年代，互联网的到来让我变得如此兴奋。我喜欢在网上分享我拍的照片，让不仅是在我所在的大学图书馆学习的人，而是世界各地的任何人都可以看到它们。然而在那时，互联网主要是为文本和静态图像服务的。我在麻省理工学院的研究生同学尼尔·梅尔（Neil Mayle）和我一起申请了通过网络浏览器上传照片的专利，发明了首个在线照片共享服务，然后我们筹集到了资金，在 1996 年成立了一家公司，提供在线相册服务。但我们没有赶上数码摄影的流行，彼时只有专业人士才能买得起数码相机，家用调制解调器是 56K 波特[①]，把 36 张照片数字化到光盘上要花 30 美元。我们从未想过，简单且连续的照片滚动会成为 Facebook 和 Instagram 的标准结构，我们也从未想过 20 年后，我们会使用不限量手机套餐，口袋里会揣着数百万像素的相机四处走动，随时分享自拍及猫咪的视频。可惜了，我们应该留着那家公司的。

我们没有在照片共享领域继续投入，而是将精力投向了互动工厂（Interactive Factory），这是一家蓬勃发展的产品设计公司。互动工厂帮助制作了乐高机器人（LEGO Mindstorms）和音乐学习体验游戏《吉他英雄》（*Guitar Hero*）等。我们发明了模拟技术来教授物理学和计算机科学，还发明了语言学习软件。我们创办的互动科学博物馆也在全美各地进行展览。此外，我们发明的居家划船设备可以让使用者具有虚拟比赛体验（见图 0-4）。

图 0-4 让使用者具有虚拟比赛体验的居家划船设备

2000 年，我在 Viant 公司管理一个多学科创新小组。当时公司刚刚上市，因此我说服首席执行官成为麻省理工学院（MIT）媒体实验室的学术赞助商，我曾在该实验室就读。为了其中一个合作项目的子项目，我开始痴迷于研究微妙、简

① 波特是对符号传输速率的一种度量，1 波特即每秒传输 1 个符号。——编者注

单明了的外围信息显示的可能，所以我创办了一家名为 Ambient Devices 的公司，得到了媒体实验室的创始人和我在那里的其中一位导师石井宏（Hiroshi Ishii）的支持。在那家公司，“着魔”（enchantment）是我的口号——我们可以将世界重新想象成一个万物互联、更智能、更有活力的地方。我的第一本书《魔物》（*Enchanted Objects*）从一个发明家的视角探索了即将到来的万物互联世界。现在，得益于下一波沉浸式技术和计算机视觉技术，我们不再需要在镜子、桌子、厨房电器、乐高和灯具中嵌入传感器和无线网芯片来实现个性化定制并为这些事物添加服务。相反，我们将使用超视将数字和现实结合起来，这样我们就能以全新的方式观看周围的空间、物体和人。超视让我们能够从外部进行有趣的探索。

2015 年，人工智能可以通过社交媒体照片实现社交购物体验，受此启发，我与尼尔·梅尔和另一位媒体实验室的同事乔舒亚·瓦克曼（Joshua Wachman）共同商定，创建了 Ditto 公司。公司创办之初，社交媒体上每天都会发布 3 亿张照片。这些图片中包含着能够引人思考及让人感兴趣的内容，但对于互联网的超链接而言，它们却是隐形的，或者可以说它们是“非结构化数据”。我们训练出一个基于云的算法大脑，可以识别数千种品牌、事物、织物图案和使用环境，然后将这些物体或体验与其来源链接起来：电子商务网站、旅行社、餐馆、体育门票销售商、食谱、eBay 及本地的流浪狗收容所。当你浏览朋友发布在 Facebook 上的照片时，你会想，这么酷的背包、鞋子、站立式冲浪板、灯、蓝莓派还有哈巴狗，在哪里可以找到类似的东西？通过 Ditto 软件你就可以找到。

出售了 Ditto 公司之后，我供职于沃比帕克眼镜公司。作为主管视觉技术部门的副总裁，我利用自己在物理、计算机视觉和数字产品开发等方面的背景创建了在线视力测试软件。使用者站在距离屏幕视力表精确距离的位置，在家就能通过手机上的计算机视觉进行精准的眼科检查，这整个过程获得了专利。我们发明的在线测试程序，现在对数十亿需要矫正镜片的人来说是可以方便访问的。然后，我们将该测试与虚拟试戴工具搭配，该工具使用 AR 测量使用者的瞳孔距离和面部轮廓，推荐最佳镜框并能让使用者实现可视化评估。在这家公司期间，我们还研究并制作出了新一代眼镜的雏形。这种新型眼镜嵌入了多项技术，包括助听器、可变焦透镜、增强视觉信息及通过读取脑波推断情绪和关注点的传感器等。

在产品设计公司 IDEO 及创新技术咨询公司 EPAM Continuum 时，我的团队都主攻思辨－未来（speculative-future）项目①。在这本书中你会读到很多相关内容：婴幼儿玩具品牌费雪（Fisher-Price）玩具的未来，餐厅外卖的简化体验，家庭自动清洁机器人，等等。整个过程始于深入的客户研究，从而发现客户有哪些未满足的需求、愿望和思维模型（人类用以思考事物的隐喻）。然后，整合这些洞察，将其转化成商业机会，制作出产品雏形，观察客户的反应。这些塑造未来的项目游走于人类洞察力、技术颠覆和商业模式创新的交汇处。学习和思考时，我们会感到兴奋；使用稚嫩的新技术时，我们小心谨慎，往往也会感到沮丧；等待客户对心爱的产品雏形进行反馈时，我们也常常毕恭毕敬。

一路走来，我一直在 MIT 媒体实验室教授环境计算，给其他研究实验室做讲座，在行业会议上发表主旨演讲，并在初创公司制定产品路线图时为其提供咨询服务。超视一直是我所有这些工作的重心。

即将到来的超视时代

我有幸目睹了技术拐点引发的产品和商业模式的深刻变革。作为 MIT 的教

① 思辨－未来项目指与“思辨设计”理念有关的面向未来的设计项目，“思辨设计”强调的是基于现实技术谨慎地推断未来的可能情况的设计理念。——编者注

授、初创企业投资者，以及时尚、医疗保健、城市设计和建筑等领域公司的顾问，我已经习惯了解读跨行业模式并预测即将到来的数字浪潮的影响。我的目标是帮助本书读者掌握同样的洞察力和前瞻力。

在接下来的 9 章里，我们将剖析使超视成为可能的技术，并探讨下一阶段视觉变革的意义。在前几章里，我们从超视改变个人体验和互动方式开始，然后逐渐延伸到社会层面的问题，如食物、教育、工作和健康等，最后转向产生最深远影响的领域：**改变我们集体想象力和促进变革的能力。**

在每一章中，你都会看到开拓超视技术和服务的企业家和科学家：为高端零售业发明魔镜的萨尔瓦多·尼西·维尔科夫斯基（Salvador Nissi Vilcovsky）；为微型花园匹配名厨的珍妮·布廷（Jenny Boutin），以及帮助消防队员用 X 光视觉导航的烟雾潜水头盔的发明者。我还会介绍一些硬件公司和软件公司，它们正在谋求同"互联网五巨头"（谷歌、亚马逊、Facebook、微软和苹果）匹敌的方法。这些巨头公司均投入了数十亿美元，想要抢先占有整合现实和体验现实的下一个平台。

接下来，我将解释支持超视的技术和关键算法，并介绍相关框架以帮助大家了解即将到来的世界。更重要的是，我将关注超视带来的主要影响和次级效应，帮助你想象未来的产品和服务。

我们所处的时代需要新的视角。我们必须更明确地表达出主要问题：气候变化带来的影响、普遍存在的不平等现象、教育和医疗保健问题。视觉的进化能给我们带来哪些方面的进步？我们需要的是猫头鹰的夜视能力吗？是猎鹰的远距离视觉的敏锐度吗？是鱼类的周边视觉能力吗？还是我们需要具备完整地看到其他事物的能力？我认为，在无数其他实用型应用中，我们最迫切需要超视能力去预见未来，不仅是为了我们自己的健康，同样也是为了对地球的保护。

我的祖父是一位建筑师，每当想快速表达一个视觉想法时，他都会本能地抓起一卷描图纸。他会将描图纸置于现有建筑或景观的照片上进行素描，然后在描图纸上再铺上另一张描图纸，调整一些线条，画出一份新的草图。超视将是我们未来的描图纸：以最快的方式来为个人、系统及城市大小的变化建立雏形，实现视觉化。

未来在等待我们，让我们通过超视来想象最好的未来吧！

SUPER
SIGHT

第一部分

体验革命与互动迭代，打开个人与世界联系的新模式

部分导读

SUPER SIGHT

第一部分将探讨计算机视觉技术取得的进步如何让我们以新的方式感受周围的世界。它改变的不仅是我们的亲眼所见和亲身经历，还有我们被他人关注的方式。这种新型视觉反馈循环将变革我们学习体育运动和培养爱好的方式，变革我们与他人互动的方式，以及做决定的方式。这些感知服务也会对个人安全、隐私、公平和身心健康产生深远的次级效应。

01 透视一切，为世界贴满标签

我们不妨一起到林中漫步吧。

春天来了，万物复苏，处处鸟语花香。如果你满怀好奇，想要更好地了解周围正在萌发的事物，我们可以在眼镜上启用自然应用程序，为现实世界添加虚拟场景。首先映入眼帘的是附近树上的小标示牌："红松，1918 年""白橡树，1775 年"。在 30 英尺[①]高的地方，我们看到树干上有不少洞，而且隐约看到一只北美黑啄木鸟在觅食。因为啄木鸟的形态是半透明的，所以我们判断它是眼前场景中的数字投影。透过树干，我们还看到模拟的大型木蚁穴，啄木鸟正在津津有味地享受着属于它的美味。

当走过一块岩石露头[②]时，我们知道这是由时间打造成的一块"三明治"：最上层是砂岩，是沉积的旧湖床；中间层是由数百万年的压力造成的变质层；最底层是岩浆冷却形成的火成岩层。关于岩层的叙述来自 17 世纪丹麦科学家尼古拉斯·斯丹诺（Nicolas Steno），因为他的声音好听，他开创性地使用化石创建了

---

① 1 英尺约等于 0.3 米。——编者注

② 岩石露出地面的部分。——编者注

地质时间线背后的地层重叠法则[①]。一根虚拟的绳子使我们与露头保持40英尺的安全距离，以免我们太投入于这节临时出现的地质学课程。

此时，我们走出树林，来到了一片草地。在我们头顶数百英尺处，一只红尾鹰正乘风飞翔。过了几秒钟，我们的视角也升到了与它平行的位置，我们看到了地面上数百条色彩斑斓的痕迹，在视野中闪闪发亮——反光的尿液痕迹显示了老鼠和田鼠的路径，鸟类捕食者通过紫外光谱可以识别这些痕迹。紧接着，我们在松软的土地上找到了一些足迹。根据爪垫的形状和间距，我们判断是红狐留下的。此时，投射给我们的是红狐全力飞奔的慢动作，它可能和鹰一样在捕捉同样的美味。在附近的灌木丛中，我们看到所有的鸟都以浆果为食，作为回报，它们通过粪便散播浆果的种子。出于好奇，我请求了解更多关于草原生态的知识。此时，烟雾遮住了太阳，场景发生了巨大的变化，一堵模拟而成的火焰之墙从我身边呼啸而过—— 一场草原大火即将到来。虽然大火看起来破坏性极强，但我知道，周期性的火灾其实是很有效的土地管理方式，它能够为矮生野花开启新的生命周期，确保它们可以在夏天盛放。

那么，这一切是如何运作的呢？我们如何整合所有的百科知识并将其在我们林中散步时空间化呢？

用元数据增强自然

第 1 章讨论的是超视的第一个“天赋”：**识别事物及命名事物的能力。命名是认识的第一步。**在成长过程中，父母和老师帮助我们给周围的事物加上标签。

① 即当地层上下重叠时，位于上方的地层比位于下方的地层更新。——编者注

我记得小时候和父母在树林里散步时，他们总能说出周围事物的名称：橡树、榆树、红衣凤头鸟、麻雀、苔藓、天幕毛虫。像理查德·斯凯瑞（Richard Scarry）的《繁忙的小镇繁忙的人》（*Busy Town Busy People*）这样的绘本也具有同样的功能，书中对成千上万的事物及船只和城市街道的剖面图进行了精彩的分类和命名。这些标签满足了我们与生俱来的想要识别周围环境的渴望。名词是人类首先学习的内容，是我们形成更复杂的想法、观点和论证的基石。红松、砂岩、田鼠尿液，这些名词帮助我们分类、整合，从而帮助我们认识周围的世界。崭新的数字信息层和数字全息图①将加速我们认识世界的过程。

标签和字幕，无论以何种语言呈现出来，都将是智能眼镜中启用的第一个应用程序。高中刚学法语的时候，我发现了一本法语贴纸书，然后给家里的所有东西都贴上了标签：书桌、卫生间、蜡烛、图书、盐巴、胡椒粉、网球拍、自行车及电脑。一遇到这些对象，就能看到相应的标签，一天下来，我对它们的记忆也提升了。

环顾你的四周，想要为哪个事物链接其定义、历史及语音解读？当然，你尽可以在网上键入任何内容，但超视使你可以及时地获取信息——只需目光停留在物体上几秒钟就可以了。

现在，就在我周围的房间里，我想看到的不仅仅是这些人造物品的名称，还想看到与之相关的元数据（关于数据的数据）、看到背后的故事，以及听到语音。爷爷什么时候买下那件破旧的古董餐具柜？作为初来乍到的德国移民，他是如何负担得起的？是谁设计了这个柜子？如何制作的，以及使用了什么工具？

① 数字全息图是超视的产物，是利用衍射的原理再现会让人产生体积错觉的3D光场的投影。有了AR，全息图就可以通过智能眼镜或其他半透明显示技术生动地绘制到现实世界中。

关于世界的元数据不仅仅会赋予对象声音，空间定位的数据也有可能保障我们的安全。当我的孩子们环波士顿骑行时，眼前的路面会通过颜色变化来反映风险系数。当他们接近发橙色光的十字路口时，更有可能减速并谨慎通过。厨房里，刀子、磨碎器和从烤箱里刚取出的热烤盘周围会出现同样的“风险光环”。这些光环还会出现在冬季暴雪后湿滑的路面上，或者光线暗淡的楼梯上，这对老年人而言尤其有用，因为摔倒是这个群体特别常见的健康杀手。

虽然我们对增强现实和空间计算技术的大多数设想都是在现实之上增添图像，但超视同样可以掩盖图像、模糊图像或减少不必要的图像。例如，我的母亲麸质过敏，购物时她不想看到会让她生病的产品，或许也不想看到让人无法抗拒的巧克力。我在开车时不愿看到广告牌，所以对我而言大多数寻路和警告标志都可以消除，因为我知道要去哪里。我建议用灌木丛代替停放的汽车。

超视将引起一场集体联觉，我们将能够感知更多、观看更多——过去、未来、情感、意图、价值及风险。尤其是对设计师和企业家来说，这无异于提供了可以思考和赋能的新的超能力，同时也带来了无数新机会及诸多后果，既不可思议，也令人不安。

在我们考虑超视的缺点和风险之前，有必要先介绍一下我们如何教计算机看事物，以及这种超能力的局限性是什么。

训练计算机感知能力

起初，超视看起来很神奇。谷歌照片（Google Photos）知道你照片上的人是谁，识别婴儿和狗的能力比你更好。图片网 Pinterest 会根据你通过互联网上传的图像找出相似的图像。汽车可以识别路标上的限速提示。这不是魔法，其实只是算法加上大量训练数据的结果。

计算机视觉的起源和相关的雄心壮志可以追溯到 20 世纪 60 年代。那时，每个人都认为计算机识别像素是很容易的，但事实证明，教计算机看东西是“非平凡的”（nontrivial，物理学家描述极为困难之事的措辞）。相反，文本索引和搜索相对简单，但是也需要复杂和计算量很大的算法来识别出图像或视频中的内容。计算机如何识别照片中的物体？那些物体位于照片的什么位置？目标识别和场景分类是超视的首要任务，这是视力测试表上最便于识别的第一行。

再想象一下，当你在树林里散步时，一只鸟飞过。数据科学家如何训练手机上的应用程序来区分苍鹭和秃鹰呢？先从“训练数据”开始：需要成千上万张被标记的苍鹭或秃鹰在各种背景下的各种姿势的照片（这些被称为“真正”样本）。为了训练出具有鲁棒性[①]的算法来识别鹰的所有姿势和形态，你需要鹰在飞行、筑巢、站立及俯冲时的图像，不同年龄、不同性别的鹰的图像及秃鹰和金雕的图像。同时，你还需要数以千计的照片，其中没有鹰的存在，但包含鹰生活环境中常见的事物（这些被称为“真负”样本）。通过这种方式，算法可以学习区分鹰和鹰周围的所有事物，比如树和含有鹰标志的旗帜。

iNaturalist 应用程序已经做到了这一点，它可以帮助人们识别成千上万种植物、动物、虫子及植物群。我和女儿最近爬了 3 小时的拉斐特山，这是新罕布什尔州白山国家森林公园风景最美的徒步旅行地之一。我们很兴奋，同时也精疲力竭。坐在山顶的岩石上，我瞥见一朵可爱的小花在 4 000 英尺的海拔顽强生长。出于好奇，我在 iNaturalist 上拍下一张照片，知道了图中植物的名字是岩梅（Diapensia，见图 1-1），这让我感到很开心。我也了解到其他一些相关细节：

① 鲁棒，robust 的音译，鲁棒性指系统在异常情况下生存的能力。——编者注

它有时也被称为针垫植物，主要分布于喜马拉雅山和北极。

图 1-1 山中的岩梅开花时的样子

注：岩梅，生长于高山上的花朵，我在远足时拍摄，通过使用 iNaturalist 的深度学习算法获得其名称。

iNaturalist 发布于 2008 年，以可视化数据库 ImageNet 上的人工标记照片组为基础进行训练。ImageNet 是一个学术项目，由李飞飞在斯坦福视觉实验室发起，她后来担任过谷歌人工智能首席科学家。ImageNet 数据库现在有超过 1 400 万个人工标记的图像和超过 20 000 个标签。李飞飞教授创建了这个海量的标记图像数据库，以判断大规模视觉识别挑战中图像识别算法的质量。2010 年，获胜算法得分准确率约为 70%。发展到今天，获胜算法得分准确率达到 95% 以上，表现始终优于完成同样任务的人类。你能以 95% 以上的准确率分辨出 90 个狗的品种吗？反正我是做不到。

iNaturalist 的优秀之处在于其迭代众包（iterative crowd-sourced）培训体系（见图 1-2 和图 1-3）。不需要助手来告诉它糙莓和马里恩莓的区别，这些将由用户代劳。人们上传植物和虫子的照片越多，iNaturalist 的训练数据集就越大，照片也会更加多样化，进而提升了应用程序的功能性和准确性。如果人工智能对某一标记不确定，那么研究人员就会加入来完成确认或手动添加正确的标记。然后，新的数据得以被反馈给算法，从而可以重新训练网络，使其更加精确。计算机视觉系统青睐大型的自馈回路。因为接触到越来越多的训练数据，iNaturalist 现在对大多数动植物分辨的准确率超过 98%。

图 1-2 iNaturalist 的自动标记功能

注：iNaturalist 会在上传的照片中自动标注虫子、蝙蝠和苍鹭。这种用户贡献的数据流提高了算法的精度。

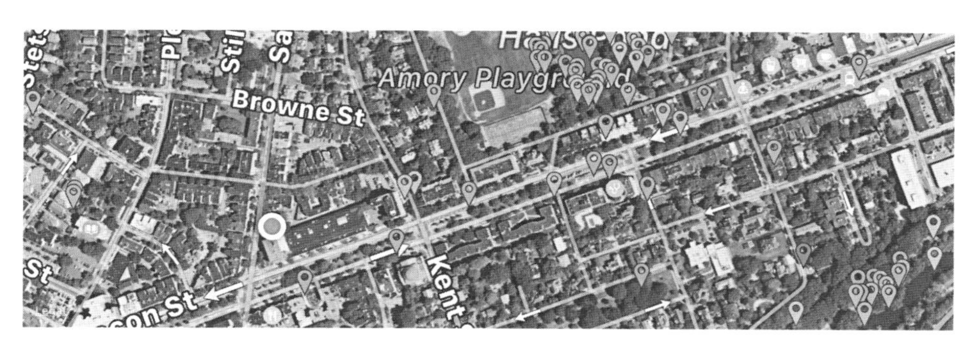

图 1-3 iNaturalist 的地理标记功能

注：iNaturalist 的众包结果会被进行地理标记，以显示有用的元数据层——在布鲁克林，我应该到哪里才能找到野生动物？

现在，几乎所有这些应用所使用的最先进的计算机视觉算法都是深度卷积神经网络[①]。之所以被称为“深度”，是因为其多层属性，每层负责图像中不同尺度的特征。底层侧重于图案这样精确的细节，其他层检测形状等粗略特征。当该网络中的每个节点都被激活时，唯一的向量（本质上是图像的明显特征）得以被计算并与其他向量库匹配。当高置信度匹配出现时，图像就会得到正确的标记，如蝙蝠、虫子及鹰。

这些检测算法的表现有多好？答案包含两个层面：**灵敏度和精度**[②]。假设你是一位生活在 1940 年的雷达接收机操作员。你被部署在英国多佛海岸的一个新的绝密站点，用所谓的雷达识别来袭的德国飞机。你的工作是整晚保持清醒，倾听静电噪声，然后确定它们究竟是来自低空飞行的飞机（这种情况下，你需要拉响警报），还是来自一群海鸥（这种情况下，就不要打扰大家的睡眠了）。你唯一的控制器是一个大型灵敏度表盘。提升灵敏度，你更有可能检测到飞机（真正值），但也会检测到更多的海鸥（假正值）。调低灵敏度，你检测到的海鸥会更少，但也可能错过飞机（假负值）。而灵敏度的设置要求并不明确！系统要么在喊“狼来了”，要么没有发现而“放狼进来”。

这也是我们衡量算法质量的方式：从灵敏度和精度两个方面入手。灵敏度确定多大程度上检测到所有类似飞机的物体，而精度确定检测到的物体中，多大比例确实是飞机（相对于鸟或其他事物）。

我从没遇见过完美的算法。总是存在假负值（算法认为没有物体，但确实有

---

① 也被称为深度学习网络，算法受视觉皮层神经元连接模式启发的产物。一经训练，深度卷积神经网络效率极高。每一层或每一卷积，负责区分不同尺度的特征，包括精细的图案及大概的形状。

② 一个相关概念是接收者操作曲线，即计算机视觉分类器的关键性能指标，描绘了灵敏度和精度之间的权衡。灵敏度衡量的是算法是否能够识别目标对象，精确度衡量的是预测的准确性。

一架飞机）和假正值（算法认为是飞机，但其实只是一只海鸥）。

像雷达操作员一样，你必须选择是优先考虑灵敏度还是精度。大多数医学检测更喜欢灵敏度：胸部 X 光检查需要调高灵敏度，因为假正值（你发现一只鸟，这只鸟可能是飞机。换言之，发现的阴影有可能是病变）比假负值（你既没有检测到飞机也没有检测到鸟，即没有检测出早期乳腺癌）更好。

现代计算机视觉系统总是反馈置信度数字与各种预测，以帮助使用者决定采用哪些数据。例如，你可以 76% 确定有一架飞机，或者 12% 确定有一只鸟，然而，我们永远不能 100% 确定没有超人。使用这种置信度数字，数据科学家可以设定一个临界值，低于临界值的数据不予考虑，这样大家就都可以安心地睡觉了。

设置临界值的标准取决于应用程序。如果你试图在浣熊进入你家垃圾桶之前发现它，达到 80% 的置信度就要拉响警报；如果你错过了几只浣熊，最糟糕的事情无非是清理它们留下的一片狼藉。相比之下，如果是要识别腋下的肿块，就必须设定较低的置信度。在医疗保健行业尤其如此，错过一些东西的代价很高，所以你愿意接受更多的假正值。

为了让超视发挥作用，它首先需要对自己所看到的事物有自己的判断。训练超视的观察能力是我们在本书中谈及所有其他功能的基础。现在我们可以来谈谈有了感知到的信息之后，超视都能做些什么。

“透视一切”，你将知道每个事物的名称及每个人的名字

我曾经遇到一位陆军上校，他就是一个移动的社交背景数据库，反应神速。在

去参加社交活动之前，他会花一天时间看客人名单和简介，这样他就可以随时跟着将军，耳语告诉将军面前客人的信息：配偶、孩子及宠物狗的名字；体育兴趣；重要的是，将军对每个人的“要求”，即需要他们如何来推动部门目标的实现。

现在我们都可以使用这样的人才了，即由计算机视觉触发的、可以在我们耳边低语的即时关系数据库。这种辅助功能将很快成为超视眼镜的标准功能。

你的眼镜将通过配备有微型前置摄像头和经过训练的人工神经网络来识别人脸，然后在你走近对方时低声说出他的名字，或者小心地将名字显示在对方的下巴或额头上，这样也不影响你的目光交流。该系统不需要识别和标记世界上所有人的脸，只需要标记你见过的或者想见的人的脸。Facebook 和领英（LinkedIn）网站都包含面部照片、人际关系图表，以及每个人的关键信息：专业知识、兴趣、工作经历、荣誉等。当然，超视不会代劳所有的事情，它无法捕捉到你如何可以帮助别人，或者别人如何可以帮助你。会话技巧和热情仍然是必要的。

除了把名字“贴”在额头上，超视眼镜还会像派对主持人一样提供绝妙的话题——较为罕见的共性。这些共同的经历和兴趣会把人们联系在一起，并使人们很快建立融洽的关系，比如你们都养了拉布拉多狗，都喜欢加拿大歌手奥布瑞·德雷克·格瑞汉（Aubrey Drake Graham）的音乐，都去过古巴，都在小镇长大。许多人会从 Twitter 内容、播客或流媒体消费、最近的旅行或当前的对话话题中选择重叠的内容分享。但具有更高级别隐私设置的用户对你而言就像一张白纸，甚至连名字提示也没有。

这样一来，元数据会被概括为简单易识别的符号，围绕在我们接触的人周围。这一大堆文字就像一张“必问”的清单，可以提供话题，增进彼此的亲密度，并帮助你完成“对话工作”。例如，一天早上，我在哈佛广场遇到了朋友哈里·奈尔

（Hari Nair），当时我戴着 North 公司的 AR 眼镜（见图 1-4）。我们在物联网项目上打过很长时间交道，无论是在他领导纸尿裤行业巨头金佰利的创新团队时，还是最近在清洁和家居产品巨头宝洁的创新团队中。那天早上，我们设计的图标云环绕在他的头部上方（图 1-4 右图），其中包括一些聊天线索，比如：问问他孩子的情况；提醒自己注意他的日程安排很紧凑；一些共有的兴趣爱好，比如他即将去印度看望他的妈妈（我一直想去印度，想听他的建议）；以及提醒自己询问他是否需要为我们共同撰写的文章聘请编辑。他的眼镜样机也能看到不同的图标环绕在我头上（图 1-4 左图）：提醒他同我讨论书中关于机器人的案例研究（见第 4 章中厨房清洁机器人相关内容）。

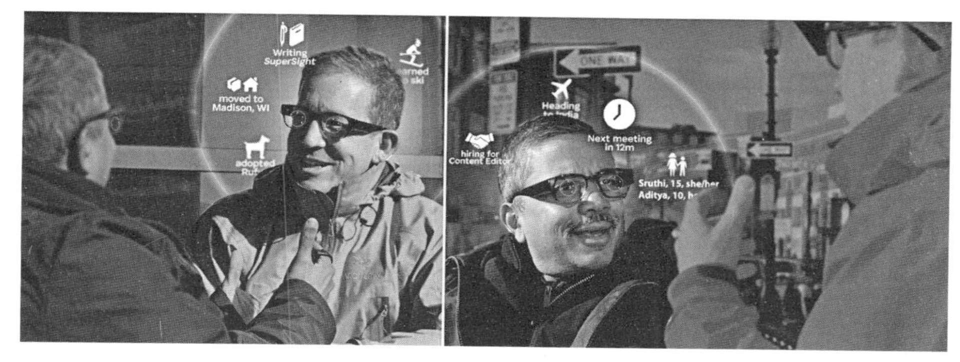

图 1-4 被元数据围绕的会话双方

注：会话提示的元数据云将像象形文字一样围绕着对方。

云连接的超视眼镜可以让我们看到任何东西，而且可能会让我们特别分心、不知所措，就像今天的智能手机应用程序和网络浏览器一样。由于我们正在设计一种“透视”的体验，超视设备将知道你在哪里、在看什么，最好的设计将优先考虑基于语境的信息。相比用过多信息来困扰你，这些元数据应该根据其空间和语境相关性，根据你的目标和兴趣进行过滤和整理。这将使其更有用、更有价值、更方便操作。很多时候，智能眼镜应该什么都不显示。

识别其他人（和宠物）的名字
是我们在增强未来中的最大愿望。

帕德里克·休斯（Pádraig Hughes）
Facebook 现实实验室负责人

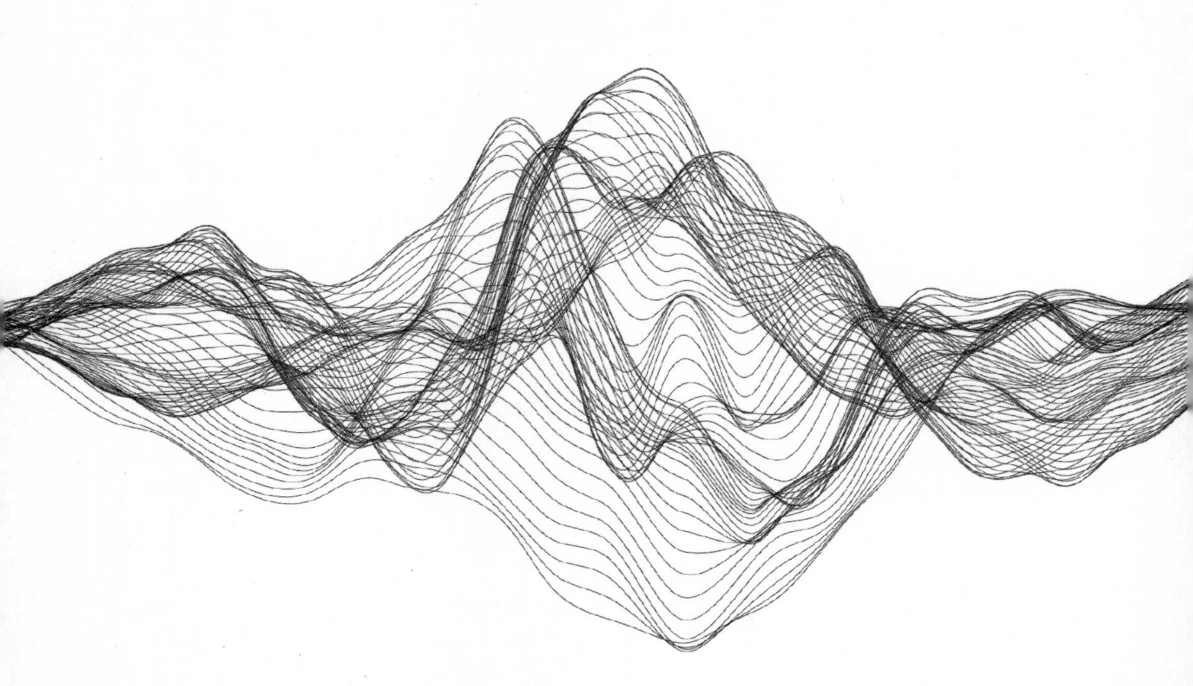

为了测试这个“语境相关性”的前提，2020年我为一个派对编写了一个有趣的黑客程序。我戴上MagicLeap公司的AR眼镜，它的正面有一个摄像头，耳朵附近有一个离散扬声器，然后我将摄像头的数据流输入图像分类器算法，这样我视野中的任何物体都被标记出来了。然后程序将这些标签输入搜索引擎中寻找相关笑话。接下来，冷场的时候，扬声器会在我耳边低声讲一个笑话。

我走到一个拿着吉他的人面前时，眼镜通过计算机视觉识别出对方手中的乐器，并告诉我：“小提琴对悲伤的吉他说了些什么？别担心。”[①] 我讲完笑话，吉他弹奏者很开心，其他人却开始抱怨。“不用担心，”我补充道，“每个人都有份。”这个简单的实验证明了超视眼镜可以让我们在会话中显得更加智慧，至少可以让我们成为“老套的”喜剧演员。

许多人会很享受迅速了解更多内容的高效率，但也有一些人会担忧我们的耳语助手在对话中控制过多，或者限制了良好的讨论中出现的混乱但有趣的偶发事件。推荐引擎可能会让对话的交互性更强：“那个穿蓝色西装的女人正在招聘一个适合你的助理职位”或者“你和大卫昨晚都看了奈飞（Netflix）的真实犯罪纪录片，所以跟他聊聊这个。”我们可能开始避免一些不被推荐的互动，然后失去偶然发现某个话题的能力。

面对信息极为丰富的未来，这并不是超视会引发的唯一风险。尼尔·斯蒂芬森（Neal Stephenson）[②] 在他2019年的小说《秋天》（*Fall*）中想象了一个类似的未来世界。每个人都戴着AR眼镜，像遮阳板一样可以向下翻转。为了管理这个“订

---

① “Don't fret”（别担心）是一个双关语，fret既有“担心”的意思，也指吉他指板上定音的品。——译者注

② 科幻作家，被誉为“元宇宙之父”。其系列作品《秋天》、*Termination Shock*、*Zodiac*、*Reamde*将由湛庐策划推出。——编者注

阅源”，比如在什么情况下获取餐馆星级排名、给街上与你擦肩而过的路人贴上标签，你需要雇一位“编辑”，要么是真人编辑，要么是人工智能编辑，这取决于你的负担能力。由编辑来帮助你解析海量信息，并保护你免受有害内容的影响。小说指出：“鲜有人有钱到可以雇用一位专职过滤输入和输出信息的人。”

看似实用的 AR 分类系统的一个不足之处就是影子日志：给不受欢迎的事物和人评分、丑化形象，以及贴上不受欢迎的标签。我们遇到的人可能头上带有“危险评级”：发红光可能表明有前科或爱彼迎评分低于五星。这可能会使我们丧失原谅和宽恕的能力，做过错事的人就再也无法摆脱这个标签。

为了视野不被危险颜色填满，我们可能会选择从视觉上过滤、模糊或抹去一些不喜欢的事物，不仅仅是令人尴尬的约会对象或前任，还有那些与我们意见相左及价值观不同的人，或者那些算法认为不太值得关注的人。这对普世的同理心来说将是灾难性的，并会进一步加剧社会分裂，每个人都会被更加同质化、孤立主义的世界观洗脑。这些“过滤气泡”可能会让个人无法发现和重视诸如系统性的种族主义和不平等这类现象：我们看到的人可以决定我们相信的内容。

辩证地看待超视
SUPER SIGHT

社交绝缘，未来有可能每个人都被囚禁在自己的世界中

如图 1-5 所示，超视有可能把我们每个人都囚禁在自己独特的世界中。当我们别无选择，每个人看到的信息层彼此不同时，想要围绕共同的经历与他人社交，甚至理解他人，都将变得越来越具有挑战性。他可能会用眼镜看与天气预报、路径寻找和计划等相关的实用信息，而她则喜欢顽皮的怪兽、历史小说和幻想的世界。

图 1-5　超视所带来的社交绝缘危害

注：社交绝缘是超视带来的危害，因为我们眼前的世界可能截然不同。

我们已经注意到社交媒体信息上的过滤气泡是如何在社交上和政治上分裂我们的。随着沉浸式体验变得越来越个性化，这些气泡就有着被封闭和让人无法逃离的风险。这将深刻地影响我们的沟通、共同体意识和公民行为。

解决方案就是让人们快速地与他人同步视图，也许可以通过击掌或碰撞的姿势来达到目的。类似于在音频空间共享耳机分流器或蓝牙信息，这样每个人即使戴着自己的耳机也能“听到相同的音乐”。我们还需要一种交换视野的方式：**通过别人的视角看世界。简单的视图切换功能可能会引发更热烈的交谈，也会让人有更多的理由去参与、相互联系及创造发明。**过滤气泡让我们可以自己选择感觉熟悉的信息，与此相反，我们也可以订阅服务以了解崭新事物。我们可能会体验自己从未遇到过或认真对待过的观点。

通过这种方式，AI 其实并不会减弱我们的社交联系及聊天效果，反而可以起到增强的作用。关键在于 AR 行业需要秉持开放结构和开放标准的精神，允许公司和个人能够配置、混合、尝试、侵入及共享属于他们的超视现实扭曲技术。

无处不在的摄像头

《007》系列电影中，主角詹姆斯·邦德（James Bond）的好帮手、独具匠心的发明家 Q 博士带我们领略了令人难以置信的前沿技术：让邦德能够在水下呼吸的装备，使用滑索迅速到达安全地带的技术，制造烟幕或从行驶的车辆中驱逐坏人的装备，以及小到可以嵌入邦德燕尾服翻领上的康乃馨中的间谍摄像机。拥有一把沾有砷的雨伞或一支射毒镖的圆珠笔可能是非法的，但今天，定制摄像头不仅被嵌入了超视眼镜，还被嵌入了我们生活中的各个角落，包括你家的门铃及可以窥视结肠的药丸。

摄像头的快速发展归功于智能手机：其巨大的范围经济和规模经济，以及行业对差异化的苦苦追求。苹果、谷歌、摩托罗拉、诺基亚、三星、索尼等公司的研究小组在摄像头创新方面投入了巨资。工厂每年生产数十亿个功能越来越强大的摄像头，将 500 万像素微光摄像头的销售成本压缩到不足 5 美元。

现在，手机摄像头同时也是微型计算机，带有专用的机载芯片与人工神经网络。这些芯片组甚至在将图像发送到云端（业界对连接互联网的离线数据中心的命名，使你不必在手机或笔记本电脑上存储信息）之前就分析拍摄类型（如风景）并识别特定对象（人脸和微笑），云端有更多的算法和判断在等候着。这意味着现在的相机可以对图像进行分析、优化曝光，或者拍摄多张婚礼派对照片，并选择没有眨眼的那张来呈现。检测物体和场景时，摄像头内部的人工神经网络开始运行。例如，你的智能手机可以识别食物的微距照片、狗的肖像或短跑运动员的抓拍照片。然后，在了解内容和背景的基础上，它可以自动选择合适的曝光和快门速度。所有这些几乎都是在可以装入口袋的设备中瞬间发生的。

在摄像头内进行所有这些处理，同时也不需要将数据发送到互联网，这种技术被称为边缘计算（edge computing），因为计算发生在网络的“边缘”，而不是在冰岛一些被冰川径流冷却的服务器农场。有几个原因可以说明边缘计算给我们带来的优势：边缘计算可以在偏远的尼泊尔或隧道内等无法接收数据的地区工作；处理速度通常极快，节省带宽成本；还可以通过设计获得隐私——如果你不需要将图像发送到云端，你就不必决定存储时长，也不必决定谁有权查看。边缘计算使实时超视成为可能。

现在，我们生活的环境中遍布摄像头，这不仅仅是为了抓住犯罪头目，对于了解我们自己也很有价值。

几年前，我对高清图像式记忆感到困惑，它是一种罕见的能力，能将视觉图像清晰地保存在脑海中，日后可以清晰地回忆起来。为了分析这种“超能力”带来的影响，我便在衬衫上夹了一个微型相机，每 10 秒钟拍摄一张照片（我骑车上班路上、会议上发言时及在 MIT 授课时），然后把照片上传到云端。一天结束的时候，我浏览这些小图片，看看我和谁互动了、在屏幕前花了多少时间、喝了多少咖啡等。人类的记忆和照片记录的证据之间的区别可能成为某些人未来的博士论文。我很确定我下午只吃了两次零食，会议时只和几个人谈过话，但我的生活日志摄像头捕捉到的证据证明并非如此。

为了自动生成日常分析，我在深度学习网络中运行这些照片簿，并进行自动标记。我可以看到自己在面对面交流上和在屏幕前分别用了多少分钟，吃了多少次饭，和谁在一起、他们是在讲话还是在倾听，在户外的时间长度，以及更多其他指标。这就像是监测类固醇的可视化 Fitbit 记录器，只不过记录的是我的个人互动而不是心率。

最令人惊讶的结果之一来自跟踪到的其他人与我互动时的表情。有时候，人们常在我面前微笑或是大笑；有时候，他们表情严肃，甚至闷闷不乐（见图 1-7）。这是与气压、时间段有关，还是仅仅受参加巴黎商业会议的一些与会者不停的噘嘴影响？不管心情如何，会议上来自澳大利亚的每个人似乎都在笑。通过微笑检测器算法（详见第 2 章），我对图片捕捉到的其他人的主要面部表情进行评分，并研究了数据。结果其实恰恰反应的是我自己的情绪。心理学家称，我们的镜像神经元会对他人的情感状态迅速做出反应，调整我们的语速和语气，映射对方的心情或受他们负面情绪的影响。这让我更加意识到我的情绪会如何影响周围的人，这反过来会让我注意每天保持良好的情绪。

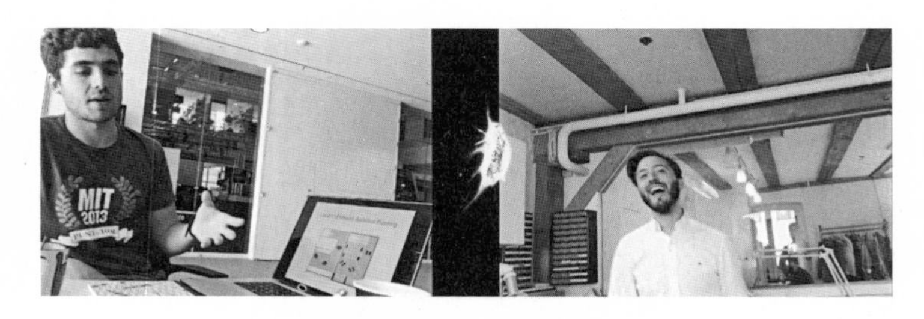

图 1-7　我的生活日志

注：我在 MIT 和哥本哈根的生活日志。对这一系列图片的处理揭示了很多令人惊讶的细节，包括我与多少人互动，吃零食的频率，以及我自己的情绪如何反映在他们的表情中。

受一项可穿戴计算任务的启发，我的一位学生开始佩戴一个前置摄像机，镜头被编织进他的背包带子里。他的实验是记录自己的日常生活，同时他的手上戴着一个皮肤电流传感器，通过皮肤的盐度或电导度来测量其全天每秒钟的情绪。然后，他用情绪跟踪数据标记了视频，并自动生成了每日精彩（或低落）卷轴。

通过观看每天的卷轴，他更好地理解了造成不同精神状态的原因和触发因素，以及第二天应该避免接触谁或是避免做什么。

我预测这种自愿的视觉日志可以变得司空见惯——就像 Fitbits 记录器一样无处不在。生活日志将被上传到社交网络，自动分享我们一天、一年或一生中的高潮和低谷。我们还可以回顾自己的生活，与他人共同忆往昔。“他脸上的表情，你一定不能错过！”有人可能会这么说，于是便在他们的卷轴中寻找并放大这一时刻。与其问你的孩子这一天过得怎么样，然后通常得到平淡无奇的回答——“还行”，倒不如看一段孩子最为投入的精彩时刻，或者通过回顾他们感到困惑的时刻来帮助他们解决家庭作业中最棘手的部分。

电视剧《黑镜》的其中一集预测了一个世界。在这个世界里，大多数人不仅可以记录和重新观看自己的某几天生活，而且可以记录和重新观看自己的整个人生。和伴侣关于在一次陈年争吵中说了什么而争吵？怀疑你丈夫在餐桌上和你的朋友互送秋波？只要调回你的视觉记录，或者把它投到电视屏幕上让每个人都看到，糟糕的预感就会得到确认或否认。

当然，这也是能够记住所有想要内容的负面影响：没有能力去遗忘了。

向后看的窥视孔

用便携式摄像机捕捉生活的细节会很有趣，但我们是否应该被允许到处安装超视摄像头，记录你的家人、学生、员工甚至陌生人的所作所为？尝试在谷歌搜索“保姆摄像头”，结果会让你想马上撕开自己的泰迪熊玩具检查一下。你会看到许多毛绒玩具的眼睛被嵌入摄像头，书架上摆放的全是超视小精灵。市场对超视监视和安全的需求正呈现爆炸式增长。

我们一直都有保护自己的需求。恐惧能带来商机。安保公司利用人们心理的脆弱性，每年对门窗开关等最基础款的传感器（见图 1-8）收取数百美元的费用。如果你能提供一种安全感，即使不是真正意义上的安全感，人们也是会买账的。

图 1-8　门铃中的摄像头

注：门铃中的摄像头可以识别朋友、陌生人和送货员。

亚马逊通过收购 Ring 公司进入了这一领域，后者的行事方式有魄力、雄心勃勃，且主要依靠数据驱动。Ring 公司主要生产配备摄像头和无线网的门铃，现在则生产配备摄像头的室内无人机，无人机可以在你家四处飞行、巡逻。这种心安需要付出多大代价呢？对亚马逊来说，10 亿美元。对消费者来说，一套 Ring 装备会花掉你大约 100 美元，加上每年 100 美元的服务订阅费用，确保你的视频可以在亚马逊云端存储 60 天。

亚马逊以天文数字的价格购买 Ring 至少有两个动机：

- 年均价值数十亿美元的家庭安保市场已经准备好迎接数字颠覆，同时还有最具黏性的订阅收入来源之一；

- 它解决了价值数十亿美元的问题，即如何更安全地交付包裹，并减少盗窃现象。

大多数人白天都不在家，所以包裹经常被放在迎宾垫上或盆栽后面，这使得它们很容易被小偷盯上。如果发生这种情况，亚马逊通常会重寄一份，且费用由亚马逊支付。问题是，没有人知道原来的包裹到底去哪儿了。你的蛋白粉被送达后，是不是被邻居偷了？箱子是不是送错地址了？还是送货司机饿了，需要借助你的枸杞恢复能量？如果亚马逊能够记录下门口发生的事情，双方将会更加清楚错在哪方，这也就为这家全球最大的零售商解决了一个代价高昂的问题。再配上智能门锁系统这个亚马逊的关键产品，该公司的送货员就能打开你家大门，把包裹放在屋里面，这样包裹交付就变得更加安全了。

其他家庭安保公司，如 Nest、Arlo 和谷歌智能家居（Google Home），也在生产各种前门摄像头，这些摄像头可以识别人的移动，并记住预计会出现在你家的人的脸，将其与陌生人区分开。完善这一点不仅对邮递员有利，对你也有利。你可以设置“钥匙”，让遛狗员可以在工作日上午 10 点到下午 3 点之间进入你的家中，但如果他们不只是牵走了格洛米（Gromit）[①]，你就会收到通知。针对清洁工和保姆的不同规则也会被编程到锁里，他们在公寓的时长将被作为自动支付工资的标准。消防队员则可以随时进去！

相比于其他传统的安保系统，Ring 还有其独到之处。当系统感知到入侵者时，大多数家庭装置会报警或呼叫其他安保服务。相比将信息传递到另一个州一位无所事事的员工办公室，不如请邻居通过 Ring 的社区应用程序查看镜头。如果算法认为某人看起来“可疑”或无法归类，你社区的每个人都可以检查嫌疑人，

① 英国广播公司（BBC）发行的黏土动画片《超级无敌掌门狗》（*Wallace & Gromit*）中的掌门狗，此处指家里的宠物狗。——编者注

并标记该行为，以提醒其他人注意和评论。这就是邻里守望系统的 2.0 版。

当然，与简单的弹子锁不同，安保摄像头的算法并不是中立的。与所有超视应用程序一样，家庭安保设备程序员必须避免其本身及用户的偏见会授予公司、政府和执法部门不当的权力。

辩证地看待超视
SUPER SIGHT

科技公司正在让我们走进自我监控的陷阱

如图 1–9 所示，阿姆斯特丹的一个街道摄像头会统计所有经过的人和物，帮助城市规划者了解行人和自行车的流动。问题在于：这些人同意这种监视吗？谁能限制它？

图 1–9 阿姆斯特丹的街道摄像头正在统计所有经过的人和物

智能语音助手 Alexa 正在我们家里监听，智能门铃 Ring 在我们的门上观察，亚马逊云服务（Amazon Cloud）提供人脸识别服务 Rekognition，Kindle 阅读器知道你读了什么书，亚马逊金牌服务（Amazon Prime）知道你买了什么东西，亚马逊云科技（Amazon Web Services）提供预测性大数据云分析，确定你下一步可能做什么。

自愿监控始于谷歌精准广告投放和亚马逊书籍、电影等推荐服务，但与可穿戴设备采集的关于你的活动、互动和兴趣的数据相比，这将是小巫见大巫。我们必须从法律上阻止公司或公司部门将所有这些不同的数据流联系到一起。这很困难，因为这些数据流中的许多数据是开放的，比如你的 Venmo 支付[①]和社交媒体帖子，其中包括位置信息和其他关于日常活动的信息。营销平台已经将你的特殊喜好和神经质结合起来，前者比如有冰激凌或环保清洁产品，并选择你最容易受到特定信息影响的时间，比如睡不好觉后或分手后，来促销自己的产品。

缓解对隐私问题的担忧的一个方法就是迫使相关公司解决这些问题。安德鲁·弗格森（Andrew Ferguson）是美利坚大学的法学教授，也是《大数据警务的兴起》（*The Rise of Big Data Policing*）一书的作者。他认为，我们应该针对公司使用用户隐私数据的方式进行立法，解决这些隐私问题符合亚马逊的最佳利益。亚马逊对自己关于 Ring 的许多选择都没有考虑清楚。缺少规则明确使用录像的时长、警方如何共享录像、如何管理滥用行为或违反服务条款的行为。所有这些风险都是可以明显预见的，必须提前阐明并解决。像这个大数据监管世界中的大多数科技公司一样，亚马逊没有在推出产品前采取积极的前端问责步骤。主动解决这些隐私问题和数据共享问题已经成为一个检验标准，若此操作具有透明度和较强的加密性，则具有竞争优势，就像苹果手机通过使用指纹或面部识别解锁所获得的优势一样。

关于个人隐私问题，我们不能寄希望于他人，只能自己想办法解决。如果你担忧无处不在的面部识别系统，可以考虑顺从风靡全球多个

① Venmo 是 PayPal 旗下的一个移动支付服务，让用户可以使用手机或网页转账给他人。——编者注

城市的反监视潮流：怪异的头发和妆容设计既能迷惑计算机视觉，同时还能吸引他人的注意力。布鲁克林艺术家亚当·哈维（Adam Harvey）创造了计算机视觉程序 CV Dazzle，可以通过伪装解构面部连续性。这是一种“反人脸监测”技术。图 1-10 展示了一种计算机视觉迷彩妆。

图 1-10　监视带来的次级效应：计算机视觉迷彩妆

所有新技术的出现都是这样运作的：每一次善意的进步，都会被动机邪恶者加以利用，然后会出现新的技术来弥补漏洞，抵消第一项技术的影响。这是一场算法军备竞赛。尽管如此，努力预测和预防危险还是很重要的。

通过面部识别开门及付费

联邦星舰“进取”号上的门只是依靠近程传感器而开关，还是因为识别出柯克（Kirk）和斯波克（Spock）的脸而开关[①]?我忍不住会多次参考20世纪70年代的科幻小说，所以请大家适应一下。

计算机视觉不仅为家庭环境，同时也为建筑环境提供了更高的安全性与自动化程度。今天看来还是前沿的面部识别解锁技术未来将会变得稀松平常。金属钥匙将被无形的钥匙取代，而无形钥匙就是每个人独特的面部特征组合。如果你有一个邪恶的双胞胎兄弟姐妹，那也不要害怕：即使你们的母亲无法把你们区分开来，面部生物识别技术也可以区分同卵双胞胎。

生物特征，如面部拓扑结构或虹膜的独特形态，最不具有“欺骗”性，同时也是最方便的准入方式。我们的脸就像拇指指纹一样独一无二，也更难伪造。这就是为什么手机使用三维人脸网格来解锁，以及像美国西北航空这样的航空公司逐渐用人脸扫描取代登机牌。

通行更顺畅的不仅仅是机场。由计算机视觉支持的访问意味着你每天会节省更多的时间。每家酒店房间、零售店、工作场所、汽车和酒吧都将出现一位超视门卫，只让客人名单上的人进来。想想你平时摸索钥匙开公寓门锁、汽车门锁、自行车锁及所有一切的锁所花费的时间。你再也不需要携带磁卡就能进入自己的酒店房间了，只是酒店管理人员将会了解到你的庆祝酒会有多大规模。你的孩子也不用担心有人偷看他们的日记了。

归根结底，安全性是一个梯度函数。你用速度和方便性来换取识别与击败

① 柯克和斯波克均为电影《星际迷航》(*Star Trek*)中的人物，前者指挥过两艘名为“进取”号的星舰，后者是前者所指挥星舰上的科学官及大副。——编者注

“攻击向量”[①] 的能力。这就是为什么我们需要有长串密码和公钥 / 私钥、双重认证及输入讨人厌的验证码验证。超视则是走出这个泥潭的安全方式。它简化了安全系统，并为即将到来的个性化经济提供动力。

想象一下，当你走进附近的酒吧，和酒保目光相对，他们会立即想起你爱喝什么饮料，当你坐在酒吧凳子上时，酒保倒上你最爱的波本曼哈顿敬你一杯，同时他们也会收获更多的小费。在回家的路上，走近车门，超视摄像头为你解锁车门后，优步将把车调整到你最喜欢的设置：打开座椅加热器，腰椎得到支撑，且伴有微微的按摩，均匀加速和转弯，以及窗户上显现点点森林灯光的 AR 投影。

5 年后，走过任何一家零售店的巨型推拉门时，摄像头会认出你，咨询你的偏好，并开始为你展示商品。你的眼镜会显示产品秀，标出老客户折扣，并用聚光灯照亮适合你的推荐产品，为你的现有穿着推荐搭配，甚至可以填补你家衣柜的空白（详见第 3 章“时尚有型”）。

整个城市的广告牌、商店陈列和其他展示窗都会“看到”你的到来，像变色龙一样，它们会修改“特价商品”目录，改为你觉得有吸引力的东西，就像社交媒体栏目一样总是根据你和你喜欢的网络大 V 在谷歌的搜索内容进行个人定制，2002 年的电影《少数派报告》（*Minority Report*）展望的就是这样的现实。我在 MIT 的朋友乔恩 · 昂德科弗勒（Jon Undercoffler）曾担任该电影的科学顾问，他后来又指导了《钢铁侠》（*Iron Man*）电影的拍摄。我最近的言论让他很为难：“《少数派报告》中那些广告牌能够扫描你的视网膜，然后低声说出你的名字，我觉得这走得还不够远。电子复制人应该成为行走的品牌广告。”有了超视眼镜，这些所谓的电子复制人，即未来的“商店助理”，将动态生成你的 AR 二重身：一个全息助手，从你进入商店的那一刻起，寸步不离你的左右，介绍产品

① 也称为攻击媒介或攻击载体，是计算机安全名词，指可以攻击资讯系统、破坏其安全性的特定路径、方法或是情景。——编者注

而且能够感知并放大你表现出感兴趣的任何表情。如果你不需要导购，只需一个肘部姿势，影像就会消失，让你能够独自浏览。

然而，实体商店的重要性也会下降，因为新产品可以嵌入任何环境中。能够与现实区分开的就是它们身上的微光或价格标签。就像接受广告可以使你免费使用 Spotify 一样，大多数人会选择“免费”的智能眼镜，而硬件成本则来自接受高度定制的广告。相比目前网页上的横幅广告，未来的新式广告接受度更高、隐蔽性也更强。

在零售业的未来方面，三星公司一直处于领先地位。我在三星做创新顾问时，我们创造了“环境商务”这个术语，贯彻无摩擦支付的理念，甚至是无须思考就能支付。一走进商店，你就会被识别，个性定制服务无处不在，结账及信用卡带来的摩擦将不复存在。商店会在你的信用卡上扣款，记录老客户积分，或自动提供资助，也就不需要任何收银员了。

超视正在逐渐消除行为经济学家丹·艾瑞里（Dan Ariely）所说的“支付的痛苦”现象。具体说来，它将身份（你是谁）和意图（吸引你目光的对象）联系起来，这样商店就完全无摩擦化了。事实上，这完全颠覆了商店的概念，“即取即走”的商业模式意味着你可以从溜过身旁的 Jamba Juice 果昔店员那里拿一杯迷你果汁，或者在一个阳光明媚的日子里从公园的架子上拿一顶帽子。你的信用卡稍后会被扣除相应的费用。

环境商务带来了新型的小额支付方式。想想你每周的免费品尝食物：农贸市场的苹果，在你“决定选哪个”之前品尝的 4 小勺不同口味的冰激凌，或者购物中心用牙签品尝的湘菜左宗棠鸡。未来，计算机视觉将会对这些食物进行计费。如果我们不想为这些小份的产品和服务单独付费，我们可以支付订阅费。例如，在度假胜地，你可能会选择全包选项，在体验开始时支付固定金额的费用，这样一切都感觉像是免费提供的，就像你在品尝食物时免费享用样品的狂欢感觉一样。有了超视眼镜，任何不包含在全包服务内的东西都将会消失。或者，你还可以小额支付每一杯饮料、每一条毛巾、每一份开胃菜和每一节海滩尊巴舞的费用。

未来对循环经济和共享经济将更友好，不再需要所有权，零售是分散的，商店不需要在结束一天的营业后锁住店门。对于城市的未来，我充满期待。看到发光的自行车，可以骑上就走；球场上看到任何跳动的网球拍，就可以拿起使用；海滩上任何闪闪发光的冲浪板都可以玩上一番。喜欢酒店的床单？买了！按使用付款往往是低摩擦、安全且自动的。你不仅可以直接走进拉面摊，也不需要主人检查预订的桌子是不是留给你的，你只需要为吃下的食物付款即可。

如你所见，计算机视觉的识别能力和记账能力将从根本上给零售业和酒店业带来结构上的变革。我们不仅能用眼睛开门，还能用钱包开门。

用数据“装饰”整个世界

借助智能眼镜在未来世界实现增强视力，我们一直在憧憬这样的未来。诚然，在撰写本书时，已有 50 多家公司正在开发智能眼镜，甚至隐形眼镜，它们能使用光学组合器将显示器嵌入你的视线中。这些公司都在创新，研究如何使他们的产品尽可能轻盈、明亮和引人注目。每家公司都希望创造全天候的展示平台，你永远不会退出，永远被置于混合现实中。但将数字数据投射到全世界将会带来更广泛的选择范围，图 1-11 展示了智能眼镜所能投射出的 4 种平面。

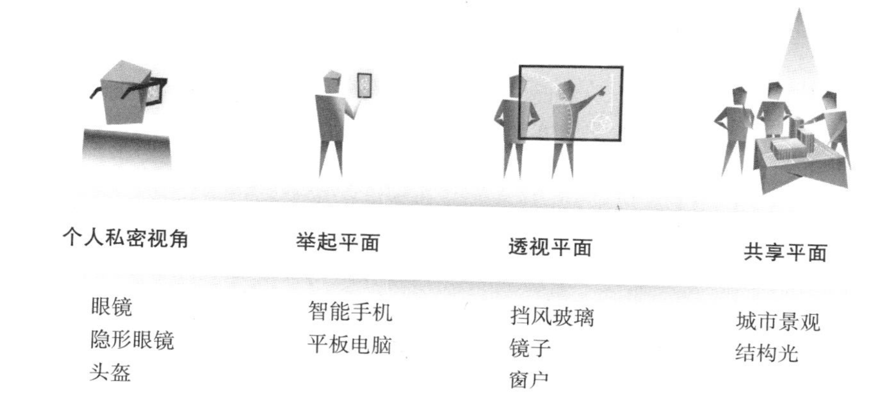

图 1-11 投射出的 4 种平面

注：视觉增强涵盖了个人智能眼镜与共享、协作数据投影之间的连续统一体。

苹果、谷歌、三星和微软已经在相关领域的科研上进行了投资，并收购了一些公司，以确保可以放入口袋的手机和放于桌面支架上的平板电脑能够“支持”AR 体验：只需看向设备，新的现实就会覆盖在屏幕上。这些显示器的分辨率和真实感不断提升，开发人员的软件工具也在不断改进。这些软件工具旨在帮助公司和黑客制作 3D 模型、引人注目的游戏和动态购物体验。从我们遛狗时抓到的宝可梦到我们在 Instagram 和 Snap 上使用的面部装饰滤镜，消费者越来越容易理解这个超视宇宙，也愿意与之互动。2020 年年中该领域取得了一项大的进步：谷歌现已在搜索结果中提供 AR 内容。赶快尝试一下吧：搜索鲨鱼，并点击 AR 图标，一个动画鲨鱼会从你的手机中弹出到你周围的世界！

尽管平板电脑已经很大了，但有些情况会要求更大的增强视窗，比如高端汽车挡风玻璃上、飞机驾驶舱内和“进取”号上的平视显示器。遇到分秒必争的情况，增强显示屏可以减少从信息到行动的时间。在做出决定之前，没有必要转移视线、浏览其他仪器或屏幕。新款汽车内，你可能已经体验过倒车影像的视觉叠加效果。当你切换到倒挡时，会在监视器上看到两个信息层：实际图像和随着车身移动而变化的图像。组合图像会显示你的转弯半径，因此你不会在停车场蹭到其他车子或者旁边的柱子。

在接下来的几年里，我们逐渐会在摩天大楼的观景平台和高端酒店套房中看到增强视窗，后者可以完善其独具特色的全景视野。眺望整个城市，可以看到建筑物上、公园里和步行路线上都带有名称注释，餐馆和剧院等慈善活动目的地也是如此。一家人不再需要围着一台手机讨论到布莱恩特公园的最佳出行方式及附近的餐馆，相反，你们可以聚集在增强视窗前规划路线，还可以查询哪些餐馆的无麸质菜品最好吃。

下一个可以应用增强视窗的场景是百货商店的橱窗。漫步街头，你看到的不是静止的（或电子版的）人体模型穿着服装，而是多种颜色的同款外套、眼镜、帽子、珠宝等叠加在你身上的影像。

汽车、公共汽车和火车上增添了增强视窗，就意味着车里的人有机会更多地了解路旁的风景。想象一下，当乘坐观光车绕行一座新的城市时，汽车的每个窗户上都设有数据投影，带你参观纪念碑或餐馆。你可以通过眨眼或弹手指的动作将这些地方标记起来，以便返回。亮度高的背景要求亮度高的投影仪，面积较大的平视显示器就变得很方便，因为汽车上的任何人不需要借助特殊的眼镜就可以使用这些显示器。同时，当你点击手机时，它们还可以同步到你的谷歌账户或具体的旅游网站账户上。

超视视窗创造了一种混合现实的体验，并因为其共享性而变得更具吸引力，即其他人可以看到与你看到的相同的增强现实。视窗会存在视差问题，增加层需要定位，并匹配你的最佳视角、眼距和视野。理想情况下，物体直接包含数字信息，因此站在物体周围的任何人都可以看到直接映射在物体上的相同

覆盖层。

欢迎来到数据投影的世界。20世纪90年代，当我还是媒体实验室的学生时，我最喜欢的演示物（这说明某些事实，因为彼时的实验室有很多很多的演示物）永远地改变了我对通过信息视觉增强普通物体的想法，我设想了一个具有超视功能的灯泡，即IO灯泡（IO代表输入和输出）。

你走近一张全白色的绘图桌，头顶处是一个白色的灯泡，朝向桌面。没什么不寻常之处。可是当你把一个小的房屋模型放在桌子上时，神奇的事情就发生了：房屋投出四五英寸[①]长的影子，就像清晨阳光投下的影子一样。接下来，你拿起一个看起来像小时钟的东西，并放于桌子表面。你把时钟转到一天中不同的时刻时，会看到房屋周围的阴影也相应地改变了方向和长度：近黄昏时影子较长，中午时则较短。现在你如果拿起另一个看起来像一个小箭头向量的工具，当你把它放在灯泡下面时，会有小束的波浪线投射在房子周围，显示出风的方向。

这很有趣，然后你决定添加另一幢建筑，模拟场景也突然发生了改变。你现在可以看到当两幢建筑形成一个狭窄的间隙时，风洞效应是如何产生的。在我的家乡波士顿，汉考克大厦商业区非常规的平行四边形布局形成了一个危险的风涡，几乎能把穿过科普利广场的人撞倒。观察这两幢建筑，你还可以看到它们的影子是如何相互作用的，当它们间隔太近时，就会变成互相遮盖。你正在与一个动态模拟系统互动，这个模拟系统可以读取建筑物的位置、时钟上显示的具体时间和风的矢量箭头的方向，这是城市规划者们梦寐以求的东西。这感觉就像一个神奇的沙箱[②]。

① 1英寸约等于2.54厘米。——编者注

② 网络编程领域的虚拟执行环境，可在其中测试软件。——编者注

IO 灯泡虽然像普通灯泡一样拥有螺丝插座，但它不是一只普通的灯泡。它能在桌面上创建所谓的“动态结构地图”，并在其下方的房屋模型上渲染效果（见图 1-12）。IO 灯泡的传感器是放置在投影仪旁边的一个小摄像头，它能够读取建筑模型的位置、时钟上的时间及场景中人的手。通过计算机视觉，灯泡会计算出所有物体的位置作为输入，并生成相应的输出：影子、风矢量线和建筑结构。

我在媒体实验室担任讲师时，见证了 IO 灯泡由简单的概念发展为真正的可以展望城市未来的城市规划产品。IO 灯泡还被用来规划紧急难民庇护所，制订灾难应对计划，鼓励马萨诸塞州的坎布里奇市等地多用途设施的规划。

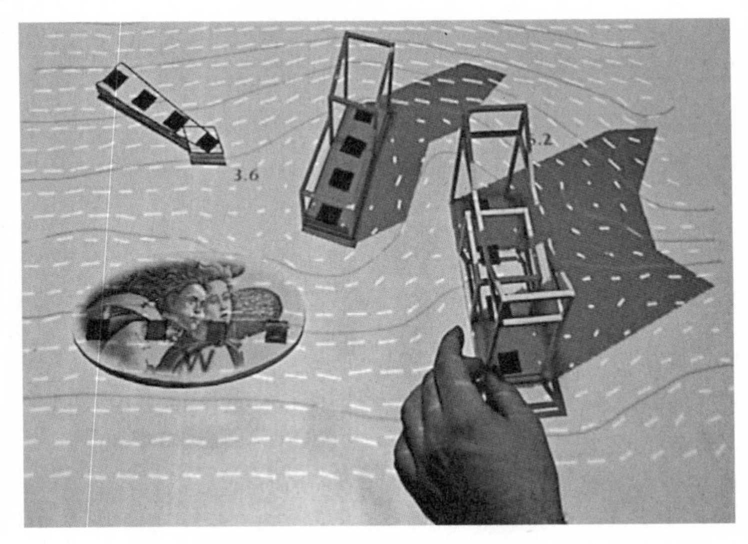

图 1-12　IO 灯泡的效果

注：IO 灯泡是普通灯泡概念扩展的产物，其中白炽灯丝被摄像头和投影仪取代。灯泡“观测”外部建筑空间区域，通过摄像头分析空间内的活动，并通过投影仪将视觉信息发射回空间中。

例如，为了研究共享乘车和城市自治的影响，媒体实验室的城市科学研究组用最便捷的建筑材料——乐高积木，在 MIT 附近的肯德尔广场建立了一个显示数据的物理模型，称为 CityScope。这个微型城市模型的每个元素都是机器可读的，所以当人们伸手进去并移动东西时，计算机可以构建一个准确的复制品。每当有人改变公园位置或增加住宅楼的高度时，数字版本都会重新计算城市规划者认为重要的指标，然后将这些指标在物理模型上呈现为一系列动画和热图。模型将立即显示策略更改或空间中物理对象重新配置后的结果。例如，减少停车位以提升住房密度，这带来了社区活力的提升、餐馆数量的增加和夜生活的丰富。任何聚集在周围的人都可以移动建筑，建立自行车道，或拆除停车设施，然后评估这对未来城市的可步行性分数、多样性、密度和可持续性的影响。

这种投影增强技术的效果显著，因为人们不需要借助眼镜、经验可以共享、有形的输入和即时的输出紧密地耦合及结果可以直接在环境中呈现出来。人群聚集于模型周围，因此只需移动城市的一些元素，就可以看到该行动所带来的级联效应[①]。

现在让我们来想象一下，如果办公室和家里的每一个旧的普通螺丝灯泡都被同样大小的数据投影仪所取代，这些投影仪几乎可以在任何表面上显示 4K 分辨率的电影，而且投影还可以不断地倾斜或扭曲以适应该表面的几何形状。有了这些互相重叠的数据投影仪和环境模型，每个表面、每个物体都可以用像素绘制：医院和酒店的地板上有导航提示，会议室和办公室的门上有日程表，餐馆的桌子和吧台上有再次点餐按钮，家里的外套钩上有衣物提示。当然，附近书店的书脊会用动画效果展示作者简介。在遍布投影的环境中，产品包装不需要打印说明，因为包装会摇身变成一张动态画布，上面展示的是个性化的视频。

投射的光线通常位置是固定的，因为灯泡不会到处移动。投影仪越来越便

① 级联效应指一个动作影响到了系统，而导致一系列意外事件发生的效应。——编者注

携，甚至可以戴在项链上或装在帽子里。这为用信息描绘世界带来了新的可能性。

媒体实验室的硕士生普拉纳夫·米斯特里（Pranav Mistry）设计了一个类似的系统，叫作 SixthSense（见图 1-13）。他随身佩戴一个 IO 灯泡，就像戴着标签机器一样。当他环游世界时，摄像头会探测到他面前的物体，微型投影仪则将信息显示在他面前的物体上。当他举起手时，一块手表会投射在他的手腕上，上面有最新的航空公司登机口和时间表。他演示了购物体验，亚马逊的评级被投射到百货店的商品上，星级排名甚至可以被投射到卫生纸上。

图 1-13　SixthSense 投影仪的增强效果

注：SixthSense 投影仪通过佩戴式投影仪来增强日常生活中的物体。

同理，我和建筑工程师吉拉德·罗森茨魏希（Gilad Rosenzweig）在麻省理工学院魔法建筑课指导的一组学生开发了一种轮床，可以帮助紧急救援人员在复杂建筑中快速找到出路。轮床上配备的数据投影仪将大型箭头投射到地板和墙壁上，引导救援人员找到病人。在返回的路上，投影仪会显示病人的生命体征数据和导航提示。与智能眼镜相比，这种投影的优势在于所有应急人员都共享信息，可以实现行动一致性。

这种路径投影轮床是我最喜欢的 AR 投影项目之一“魔法手电筒”的放大版。该项目的任务是建立一个有形的工具样机，使一些隐形的物体变得可见。一组学生找到了 MIT 最近完工的媒体实验室大楼的建筑示意图，这是一些电脑辅助设计（CAD）模型，显示出了大楼中的管道、风管、电线和数百英里[①]长的以太网电缆蜿蜒穿过大楼的墙壁。然后，他们把一个带有建筑信息编码模型的老式手电筒、一个微型投影仪和一个 IMU（惯性传感器）组合在一起。这结合了加速度计、陀螺仪和磁强计或指南针，这些组件可以确定你的位置和你指向的位置，是手机和智能眼镜的标准配置。它们之间的相互作用产生了惊人的结果：轻击神奇的手电筒，就能看到墙里面的事物。打开手电筒时，你期待的是看到光亮，你绝不会期待获得 X 射线般的视觉。

我希望此时你的大脑开始飞速旋转，思考日常世界的表层将如何很快地被添加另一层信息，这些信息直接但有选择地正好投射在日常事物的顶部，并根据其表面做出相应的定位和偏斜、根据你的喜好调整风格。超视可以看到并识别我们面前的东西，然后引导我们的注意力，这给我们带来了一种与世界和彼此互动的新方式。我们可以讲关于吉他的老笑话，可以让遛狗员自主进入我们的房子，在购物时看到排名情况，甚至可以看到围墙里面的场景。这个增强层的来源可以是个人体验（仅在你的眼镜里或手机里），也可以是共享的（在窗户或挡风玻璃等固定表面上），或者直接投射到周围环境中的物体上，以改变我们对世界的认知并影响我们关于任何事情的日常决策。

我们已经看到了未来超视会让你看到什么，但在这种新的且更为暴露的视角下，你将以何种方式被看到呢？

---

① 1 英里约等于 1.6 千米。——编者注

02 5种超级教练，让我们成为更好的自己

事实证明，几乎每个社会的早期阶段都相信着各自版本的天使。在西方传统文化中，专属“守护神”的说法很常见，该守护神的作用是保护你的安全，并给你指引正确的方向。例如，古罗马晚期也有守护神的说法，被称作 Genius，它终生守护在人的身边；古希腊人相信代蒙（daimones），即较低阶的神或指引方向的精灵，这也是英国作家菲利普·普尔曼（Philip Pullman）作品中动物守护精灵的灵感来源。在西方的民间传说中，每个人都有一个专属守护天使保护他们远离伤害，无论是身体上的还是精神上的。日本佛教中，有一对称作 Kushoujin 的精灵坐在人的双肩上，记录人的善行和恶行。

可穿戴的人工智能教练其实可以比作我们的守护天使，如图 2-1 所展示的画作一样。我们放在口袋里的智能手机助手其实也在从事着天使的工作：它们会记录我们的日常行为，不管好事还是坏事；引进新的理念，等等。有了超视，它们将变得知识更渊博、与我们的关系更密切，同时也更有影响力：除了计步、记录行踪、窃听谈话、统计我们的购物情况及监测咳嗽情况之外，我们也将馈赠它们“视力”。

图 2-1 《守护天使》

注：巴洛克风格绘画《守护天使》(*The Guardian Angel*) 创作于 1656 年，目前收藏于罗马的国家美术馆，作者是彼得罗·达·科尔托纳 (Pietro da Cortona)。

专属守护天使：5 种必备教练

如果你太阳穴处的眼镜上坐着一位无所不知的天使，这个小精灵会满足你的什么愿望？人身更安全，行为更合乎道德规范，还是让你更加谨慎或者节制？

在新的守护天使提供建议之前，它必须先通过观察来了解我们，因此，了解我们的日常习惯，包括我们的饮食模式、锻炼模式、媒体订阅情况及睡眠习惯，会是它的首要工作。具有摄像功能的监管服务和我们看到的是相同的世界，并且它可以在我们与他人互动时观察我们。作为设计师，如果要让它发挥作用，我们需要设计让它进行干预和产生影响的方式。反馈的语气和表现方式应该像严厉的教官那样斩钉截铁，还是像空灵缥缈的新时代瑜伽修行者那样对人充满肯定，还是像你最喜爱的教授那样富有启发力和洞察力？我希望它更像一位给予支持的教练。这些新式天使会首先理解我们，然后再帮助我们理解自己。

为什么我相信我们与技术的相处模式会演变成与教练的相处模式？像大多数

教练一样，技术比我们的知识面更宽，比我们的眼界更广，但归根结底会让我们自己掌握自己的人生，或得或失。**技术的任务不是掌控我们，而是通过它们的超能力在我们有需要的时候低声鼓励或是警告我们。有时它们会激励我们；有时，它们让我们学会为自己的错误负责。**我们需要它们来保护自己免受伤害，或者照顾我们从伤病中恢复过来。虽然它们关注的是我们的言行举止及与他人的互动，但它们也能看到更美好的我们：我们未来会变得更加高尚、更具表现力、更富有同情心、更具创造力，同时也更加健康。

我们不是拥有一位超级教练，而是将聚集整个教练团队，每个教练都有不同的想法、具备不同的特质，以及使用不同类型的数据。对于它们在我们生活中扮演的角色，我们会有不同的期待。这里我将向大家介绍 5 种教练（本章后面的内容将详细讨论其中几位）：

- **行为教练可以帮助你提高运动表现，无论是体育活动、锻炼还是跳舞。**这种教练在很大程度上依赖于姿势检测[①]，它们可以看到你身体的位置，投球的速度，以及你右臂挥拳时是否需要更多地专注于支点。
- **健康教练可以帮助你跟踪睡眠、卫生、压力管理、饮食习惯和冥想练习。**这种教练通过检测面部表情来确定你的情绪和压力水平，使用热成像摄像头推断你的睡眠状态或健康情况，通过活动类别来了解你的生活方式偏好，以及通过食物识别来记录你的饮食。
- **组织教练可以帮助你将目标分解为具体任务，然后分派任务、组织信息、制订计划并严格安排时间。**这种教练帮助你专注于当下的任务，调节注意力、减轻认知负荷，并规避诸多无意义的选项。

① 姿势检测，一种特殊的人工神经网络，用于推断人体的骨骼位置。我们在第 2 章的 AI 辅导项目和第 7 章的家庭健康助手——守护天使产品中会提到这项技术。通过摄像头，我们现在可以有效估计人的姿势，并为家庭健康、零售分析和运动进行活动分类，甚至可以对被部分遮挡的玩家进行分类。

- **人际关系教练可以帮助你掌握领导力和社交动力学、情感同理心和谈话风格。**这种教练会研究你的倾听技能，研究你如何通过声音、语气和姿势影响他人，并能帮助你延长初次约会的时间。
- **存在主义教练可以帮助你思考一些重要的问题，比如你的价值观、优先事项和存在的意义。**它们会鼓励你优先考虑正确的事情、理解行为的长期后果，同时正确地看待生命的问题。

虽然这些类型的教练似曾相识，但超视技术将赋能每一种教练，并使它们更容易为大众所接受。你使用的时间越长，它们也会变得越具有洞察力，因为它们观察你的时间越长，就越了解你的优势和不足，它们的建议就越合理。你会想让它们连接你生活中的各种摄像头：固定在家里和工作场所的摄像头、车里的摄像头、戴在眼镜上的摄像头，甚至是你的朋友和同事眼镜上的摄像头。

一旦可以处理你面前的场景和相应反应的数据，它们提供的反馈也将更加明智且巧妙。它们会在你耳边低声建议："你老板没听明白，你也许可以换一个例子""别忘了炖牛肉的辣椒粉""调整左臀的位置，你的高尔夫球可能会再前进 14 厘米""不要再聊你自己了，问问关于她的问题"等。

最优秀的教练是有个性的，它们会使用比喻来激励你做出改变。它们不会喋喋不休地说"瑜伽课上你身体不太灵活"或是"歌唱得很平"；相反，它们会使用格言或是比喻，比如"你的身体应该像河流一样流动起来"，或"想象一下声音从你的头顶盘旋而出"。开心之余，你会想："哦，我能做到！"我们的超视教练也可以变得兼顾幽默与创新。如果它们不具备这样的能力，我们会将其放回"神灯"里的。

行为教练，提升你的动作水平

在篮球运动中，投中一个 3 分球很不容易，即便是对于最好的高中生球员也是如此。经验丰富的教练会分析球员的投篮动作，并提供建议来帮助他们改善："球离手时，肘部应该在头部上方"，或者"球离手时手臂应完全伸展"。这些成年人比青少年球员见过的失误要多得多，他们的建议可能决定了高中生是会拿到大学奖学金还是会流于平庸。

然而，不久的将来，你可能就不再需要人类教练了。你可以雇一位超视教练来改善自己的投篮技巧。

超视解锁了新一代计算机视觉支持的自主教练服务，通过分析你当前的表现，帮助你达到自己的预期。使用手机或电脑中的内置摄像头，人工智能可以研究你的技术的慢动作视频，并将它与你最喜爱的超级球星进行比较。想成为乔丹吗？系统可以将你的罚球和乔丹的罚球作对比，这样你就可以看到投球时肘部的正确姿势。

体育教练的市场究竟有多大？我来帮你进行一个创业市场规模分析：世界范围内，有 6 500 万人打篮球，有 7 500 万人打网球，有 2.2 亿人打羽毛球，这些数字很让人吃惊吧。瑜伽练习者有 3 亿人，并且增长势头强劲；有 3 亿人打乒乓球；有 8 亿人打排球。数据都是千真万确的！那么参与人数最多的是哪项体育运动呢？毫无疑问：足球。全世界有 13 亿人踢足球。此外，受新冠肺炎[①]的影响，经常去健身房健身或参加集体锻炼课的人现在都被迫进行居家锻炼，这样下来，其实费用通常会变得更低。如果我们可以在自家客厅得到顶级教练的指导，还有

① 2022 年 12 月 26 日，国家卫健委发布公告，新型冠状病毒肺炎被更名为新型冠状病毒感染，本书成书于 2021 年，故延用旧称。——编者注

多少人会选择回到臭气熏天的更衣室呢?

智能教练 HomeCourt 是我最喜欢的计算机视觉教练（见图 2-2），它擅长通过多样的游戏化策略来激励你、你的孩子、你的伙伴或是你的室友来尽全力往高处跳，借助虚拟标记物进行往返跑，用足球运球时用手击中虚拟目标，或者在做数学游戏或文字游戏时用篮球运球。它还提供独具特色的明星篮球教练视频，并通过计算机视觉来计算你的 3 分球进球数或高强度间歇训练次数。用户不再需要特殊的硬件，只需将手机或平板电脑靠在墙上，而且其中大多数活动都是免费的。有什么理由拒绝这位教练呢?

图 2-2　HomeCourt 的一个应用场景

注：HomeCourt 通过追踪足球运行轨迹来提升用户的敏捷性和带球技巧。

2020 年，为了应对居家工作久坐的惰性，我在 Continuum 公司开发了服务瑜伽和其他运动的智能教练应用程序。作为一位未来学家，我的主要职责是针对客户需求、尖端技术和商业可能性维恩图的交叉部分，来设想新的项目。当前形势下，一大部分人已经习惯于居家锻炼，同时口袋里有功能强大的计算机，这提供了绝佳的机遇，让我们能够进行有趣的尝试。

姿势检测，使超视运动教练成为可能

超视运动教练使用的关键计算机视觉技术被称为“姿势检测”。通过训练人工神经网络来识别身体的各个部位，可以确定 13 个主要关节（颈、肩、肘、腕、髋、膝、踝等）的角度甚至每根手指的位置。10 年前，这种操作离不开红外投影仪和摄像系统，而且有效范围通常局限在几米以内。想想你随着跳舞机翩翩起舞时，电视屏幕上方还需放置 Xbox Kinect 设备。现在，经过特殊训练的人工神经网络使用普通的相机光学技术来检测三维运动中的人体各部位，准确度越来越高，有效距离也越来越远（见图 2–3）。

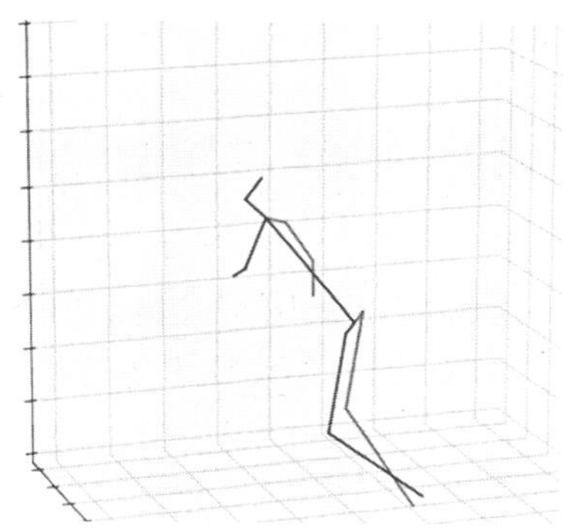

图 2–3 三维姿势分类器的工作原理

注：三维姿势分类器运用人工神经网络技术来推断运动中身体各部位的位置。

使用正常的摄像机将镜头输入计算机模型中，现在我们可以以每秒 120 帧的速度同时检测到球场上的 20 名足球运动员，即使运动员位置发生重叠。我们不仅可以识别他们在球场上的位置，还可以识别他们身体关键关节的角度、视线的方向，以及他们用到的力量大小。随着技术越来越完善、成本越来越低，这些技术会逐渐从职业运动队渗透到大学运动队，也将很快进入网球、高尔夫球场和各家后院，到那时，我们将享受到与世界顶尖球员同样的具体反馈内容。

当时，我们将重心放在使用计算机视觉来分析专业运动队的比赛表现，于是我们便设想是否可以开发一种通用型工具。在这个项目中，我们的挑战是拍摄足球等流式运动项目的视频，然后追踪球员并标记特定的动作，如运球、传球、射门等，以方便教练指导动作或是发现天才球员，就像电影《点球成金》（*Moneyball*）中那样。通过对运动员和教练的观察和采访，我们发现了一个关键所在：对比是习得和提升运动技能的最佳途径。

几乎每个设计学科都很看重同类型比较。就拿 Continuum 公司在波士顿的工作室来讲，你会看到墙上贴满了品牌推广、登录页面及应用程序流的多种供选择的方案。思考设计的过程需要多种不同的方案，以便可以认真思考各种方案、权衡差异、讨论取舍，并找到完善的方法。最佳运动教练和训练营使用的是同样的方法，他们会使用全明星球员的视频来寻找双方技术和表现上的差距。球员观察到这些差距时，他们就能想到一些改进措施了，但是教练的作用就是把他们的注意力吸引到下一阶段最有效的改进措施上。超视有没有可能也以同样的方式让运动员完善自己的技术和动作呢？

居家锻炼时也不是每个人都能负担得起专业教练的费用。我们如何能给远程锻炼的人提供像在瑜伽课或私人教练那里同样的动作和技术指导呢？网上多达 100 万个瑜伽视频，每天 Equinox、Orange Theory 和其他健身房在各自的 Instagram 上还不断地发布着各种视频。没有一个视频能够提供个性化的指导反馈，原因是它们看不到你。

我们开发的瑜伽教练应用程序就在尝试满足这种需求（见图 2–4）。首先，用户选定专业人士和动作，例如选择瑜伽教练巴伦·巴普蒂斯特（Baron Baptiste）的三角式，摆放好手机位置，记录下自己的动作。然后，应用程序会将视频上传到云端，运行姿势评估人工神经网络、比对运动、选用更多帧图像来生成超级慢动作，然后，你就可以看出自己的姿势与教练姿势的差异，然后就明白该如何进行改进了。

图 2-4　Continuum 公司包含姿势检测的瑜伽教练应用程序模型

量化体育运动项目对每一位企业家来说都是资源丰富且激动人心的领域，但是有一个关键问题急需解决，即信息过多。例如，早在 2020 年年初，我在怀俄明州杰克逊霍尔市的一次医疗保健会议上发表了讲话。当时，我大部分空闲时间都在练习滑雪。一家欧洲公司给我寄来了一系列 cookies（记录数据），可以测量大约 100 个变量，并针对我的单板半径、身体角度、身体对称性、每分钟转弯数及力量训练等方面提供指导建议。这听起来还真不错。

出乎意料的是，我很不喜欢它，因为数据过于完整、过于详细，令人头大，实在是喜欢不起来。作为大众风格的代表，我对反馈信息和建设性批评持欢迎态度，但这种评估就像参加演讲比赛，你所讲的每个词都会被打分，相反，演讲传递的内容和意图却被忽视了。从中我确实学到了一些东西，比如我经常在滑陡坡时向后倾斜。这种错误主要是出于焦虑，同样的错误我一上午能犯 378 次。总的来说，这些数据感觉像是老板的微观管理，他们其实本可以用这些时间处理更为重要的事情。

无论是在辅导孩子的曲棍球队还是评论朋友的排球比赛，反馈多少内容才合适？你是把关注点放到做对的事情上，还是放到纠正错误上？列出所有问题的批判型指导方法看上去更有效，但是过多的数据会将用户淹没，如果注意力都集中在数据上，结果反而会过犹不及。当自信心岌岌可危时，优秀的教练首先会强调积极的反馈，然后简要说明哪些地方需要提升。教练会说："都不错啊，就是这点你看要不要再完善一下……"

我曾经参观过传奇网球教练蒂姆·加尔韦（Tim Gallwey）的训练场，加尔维是《身心合一的奇迹力量》（*The Inner Game of Tennis*）的作者。他经常用一个比喻来描述高效的指导：注意力聚光灯，即把注意力集中在表现的某一个方面，不需要指导。比如，应该说"当回球越过网时，想想你的球拍在哪里"，而不是"早点拿起你的球拍"。

通常直觉会告诉你正确的感觉是什么样的，比如打出反手上旋斜线穿越球或投出空心 3 分球时的感觉。有时候，修正动作所需要的只是有人或超视驱动的人工智能，来引导你的注意力。

辩证地看待超视
SUPER SIGHT

认知拐杖，智能教练过于优秀的弊端

多年来，一直有运动员试图通过服用药物来提升成绩。超视教练指导也会带来同样不公平的优势吗？指导当然会给运动员个人带来明显的提升。由于这些人工智能服务会实现自动化，因而大多数人都负担得起，同时也很容易获得。

使用人工智能教练的运动队需要针对数据访问、所有权和持久性制订公平政策。联赛必须保护数据，并明确可转让性，使运动员处在公平（字面意义）的竞争环境中。数据越来越多地被用来检测运动员的竞技表现，预测伤病恢复情况，以及寻觅未来的全明星。球员一旦被招募或交易，其数据应该自动转让到新俱乐部，还是应该单独出售？

智能教练过于优秀，会导致我们形成认知拐杖（见图 2-5）。计算器和全球定位系统使一代人在不借助数据服务的情况下，很费力才能算出 15% 的小费问题及在国外找到正确的路。为了不过度依赖“脚手架”服务，我们都需要周期性地模拟安息日：在没有教练指导的情况下认识到自己的能力和不足。

图 2-5　人们在认知拐杖的帮助下社交

注：我们是否会变得过度依赖对话“脚手架”和信息提示，导致我们的人际交往技能衰退？

健身教练，改善你的生活方式

我很早就对自行车产生了浓厚的热情，那个时候的自行车还是轻便的香蕉座椅和倒轮式刹车。高中时，我骑自行车环行了法国。当时我在威斯康星州麦迪逊市的黄衫自行车店工作，威斯康星州是美国中西部的自行车圣地，自行车与汽车的比例为 2∶1。我自然成了环法自行车赛的超级粉丝，我们在店里的小电视上不停地播放环法大赛。世界上最优秀的自行车手骑着线条流畅的车攀登比利牛斯山脉和阿尔卑斯山脉的最高峰，然后以高达每小时 60 英里的速度向下行驶，连环相撞当然不可避免，其中不乏流血、戳伤、碳纤维车架破碎和车轮变形等画面。每天的赛程为 120 英里，持续整个 7 月，每天如此，最终在巴黎结束。对于数百万狂热的自行车迷来说，这是夏日的狂欢时刻。他们蜂拥而至，聚集在赛道周围，给自行车登峰留下窄窄的赛道。瞥见穿着各色骑衫的骑手飞驰而过时，他们会摇响牛铃。在最陡峭的赛道上，狂热的粉丝会跑在领骑选手旁边，前者裸露的胸膛上涂着车队的颜色，手里挥舞着带角的维京帽。

由于超视的出现，全球各地的自行车爱好者可以在虚拟世界享受自行车赛的狂欢。现在，在家里也能体验人潮涌动的赛道，赛道上挤满了参加选拔的真正的自行车手，不时地从你身边超车通过。上周，在美国东部时间周三的早上 7 点，3 804 名自行车手进行了一场虚拟的环阿尔卑斯山比赛。参赛选手遍布世界各地！每个参赛者将在骑行台上踩自行车或将自行车固定在训练台上，可根据地形改变阻力和倾斜度，甚至可以调节风扇来代表风速。视觉经验被投射在电视屏幕上，或者在理想情况下，可以戴上沉浸式头显。在线健身平台 Zwift 为本次大赛提供了技术支持，Zwift 每月收费 10 美元，就可以让你享受无限运动（见图 2–6）。里程数积累得越多，你就会获得越好的虚拟装备及越多的彩色骑行衫。我无比佩服他们在骑行路线上的创新：除了基本的城市赛道和乡村赛道，还有蜿蜒于海底的 40 英尺宽的玻璃管赛道，以及无与伦比的空中赛道，横架在城市上方数百英尺处，支撑赛道的是什么呢？管它呢，这可是虚拟赛道！

图 2-6 Zwift 虚拟世界中的骑行比赛

注：在 Zwift 的虚拟世界中，成千上万的自行车手互相激励，可以真真正正地得到比赛的体验。

这种大规模多人在线运动的重点是其激励机制。沉浸在 Zwift 虚拟世界里，地板上的汗水和大腿肌肉里堆积的乳酸都不重要了，重要的是我紧随着一位穿着黄色领骑衫的意大利骑手，我骑行的时间更长了、骑行的频率也越来越高了，而且虚拟的山峰也越攀越高了。

2013 年，另一家骑行初创企业在众筹平台 Kickstarter 上推出了一款家庭健身车。单车课上的力量锻炼、健身体验甚至是教练的认真负责，我们都可以在居家锻炼中体验到。家庭锻炼掀起了一股热潮，并在远程锻炼形式上带来了一场价值数十亿美元的变革。智能健身公司 Peloton 的核心策略是按计划进行集体健身：坐在自行车上时，大屏幕将你从卧室传送到纽约或洛杉矶的大型健身活动现场，你会看到真实的人在运动，他们外形漂亮，随着美国女歌手碧昂丝的音乐，不断突破自我极限。很快，两个关键的社交动力学技术将使健身体验更富有激励性、沉浸式体验也更强烈：超视眼镜会将你和其他骑手放在一起，视野中他们就在你的左右，同时旁边汗流浃背的单车课伙伴也能看到你。

受 Peloton 单车课的启发，2018 年，美国波士顿市的一名创业赛艇运动员在 Kickstarter 众筹平台推出了 Hydrow 划船机，用来增强传统的赛艇测功仪（见图 2–7）。Hydrow 指导美国赛艇队在 2015 年世界锦标赛上获得铜牌，之后其创始人布鲁斯·史密斯（Bruce Smith）作为执行董事，在波士顿查尔斯河上创办了“社区赛艇中心”。我女儿在那里学会了划船，并且迷上了这项运动。我和史密斯的第一次见面是在 Hydrow 筹到了其 A 轮融资之后。像 Peloton 一样，Hydrow 设计了高品质的运动配套装备，配有让你进入运动状态的大屏幕。但与已经成为动感单车运动同义词的布满霓虹灯的俱乐部场景不同，划船选手可以沿着泰晤士河划过大本钟，或者在秋高气爽的清晨于新罕布什尔州温尼珀索基湖（Lake Winnipesaukee）上穿过薄薄晨雾，观赏白山。Hydrow 还聘请了十几位奥运会赛艇运动员来指导训练，他们性格各异、风趣幽默而且很有镜头感。

图 2–7　用户在 Hydrow 划船机上运动

注：Hydrow 提供了实时的划船体验，只要划水速度做到同步，你就会感觉自己身临其境。

像 Peloton 和 Zwift 平台一样，Hydrow 的未来将更侧重合作性和互联性，更突出沉浸式、个性化及激励机制。船上的伙伴彼此连接空间音频，这样你就会听到对方的呼吸声。在锻炼的时候一起呼吸非常激励人心，同时也很享受，任何在合奏团中演奏过管乐器的人或者参加过合唱团演唱的人都知道，同步呼吸很令人兴奋，甚至会产生精神上的共鸣。此外，优秀的划船队员需要在抓水（入桨）和完成（出桨）上做到精确同步，而共同呼吸有助于协调动作。很快，在 AR 投影之下，你的客厅将会被查尔斯河上波光粼粼的河水淹没，桥梁在你的头顶飞过，周围挤满了观众，可以听到立体的欢呼声。你的速度落后时，其他船只就会超过你。你和自己的团队就会更有动力，一齐提高划水频率，因为你会感觉像是在参加赛艇圈的环法比赛：查尔斯河赛艇大赛是全世界规模最大的赛艇比赛。赶快使出全力吧！

这些远程锻炼将现实教练、虚拟教练、队友及课程融合在一起，在保持健康方面极具潜力，非常吸引我。Hydrow 团队所做也是每一家医疗保健公司应该做的：教练服务应具有个性化、真实性，同时具有说服力，确保你每天都会参与进来。当然，划船机使你更能享受沉浸式体验。尽管如此，这项服务更诱人的地方还是接触奥林匹克运动员、欧洲河流上激励人心的现场划船体验、竞争排行榜、比赛时的好运，以及划船里程第一次达到 10 万米的奖励——所有这些每月只需 38 美元，尽管机器售价为 999 美元（见图 2-8）。

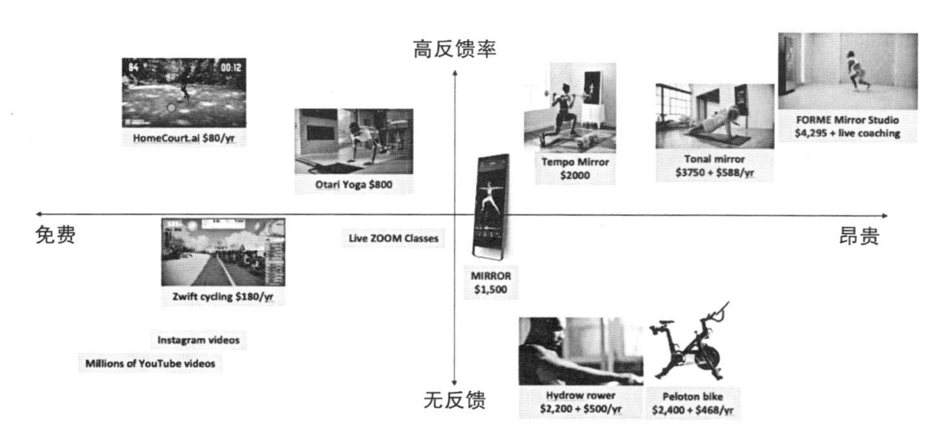

图 2-8 教练反馈率与可负担性

注：运动品牌和明星运动员可以利用超视开发出能进行个性化反馈的无障碍教练服务，机会无限。

如果你的一居室公寓实在放不下划船机的话，现在有 4 家资金雄厚的健身品牌公司，分别为 Mirror、FORME、Tempo 和 Tonal，正计划将人工智能教练装入挂在墙上的大镜子中（见图 2-9）。这些公司会使用计算机视觉给你提供动作反馈：不管是瑜伽、举重训练、高强度间歇训练或普拉提。点击屏幕或应用程序就可以召唤出专属虚拟教练进行锻炼了。它们介绍动作、计算运动量、提供支持性反馈，如果你下蹲时背部不够靠后，或者练习壶铃摆动时背部挺得不够直，它们都会建议你改善和调整。FORME 创始人特伦特·沃德（Trent Ward）告诉我，他们相信其产品可以 1 ∶ 1 复制健身房的私教课，实时定制新的练习内容，并且使反馈更具个性化、专业化及人性化，而声音也会模拟教练的声音。

图 2-9　Mirror 公司的智能健身镜

注：Mirror 公司被健身品牌 Lululemon 收购。Mirror 智能健身镜可以将你的镜像叠加在教练的视频影像之上，并使用计算机视觉来计算运动量和评估你的技术动作。

FORME 公司独创“健身房去中心化”，其特点是高接触性和高成本。培训师，即活生生的人类，需要在自己家里拥有一个视频演播室。你需要支付 75 美元的一对一私教费用，这与健身房费用相当，公司会从中扣除一部分。鉴于这个价格水平和个性化程度，我问沃德，理疗市场是不是很不错的目标市场，因为保险涵盖了这一块，如果你的臀部或是肩膀出现问题，坐汽车或公交车去诊所会很不方便。“是的，”沃德说，“我们已经在酝酿了！”

镜子是家庭友好的健身界面，性能卓越，还不占空间。当你在户外骑自行车、游泳或滑雪时，可能更需要一个能够“随身穿戴”的教练。如今，一些公司正为特定环境开发具有针对性的“硬件 + 软件”的组合解决方案。在许多方面，相比 AR 摩托车头盔、建筑头盔和滑雪护目镜，通用且可以全天佩戴的 AR 眼镜设计起来更复杂，因为前者的需求更直接，营销渠道和宣传信息也更集中。

具有讽刺意味的是，RideOn 公司总部所在地以色列的特拉维夫市阳光明媚，没有大雪，但许多积极进取的科技企业家为滑雪者和滑板爱好者开发了超视护目镜（见图 2-10）。其特点是跟踪值得夸耀的雪上项目统计数据，如单板半径、总垂直距离、跳跃时最大滞空时间、用于视频记录的高清摄像机及度假地图。因为滑雪的社交属性较强，因而眼镜中包含着寻找朋友的定位器和游戏，你可以通过虚拟的大门与其他人进行回转赛的较量。我想象中的最佳应用是一个阿尔卑斯山的导航程序 Waze，可以预测哪条缆绳的路程最短或者可以带你去斜坡边的温暖小屋，小屋里有最美味的苹果挞和奶酪火锅。

图 2-10 RideOn 公司的 AR 头盔显示的数据

注：滑雪时，RideOn 公司的 AR 头盔会提供速度、高度和滞空时长数据。

将此类 AR 滑雪护目镜的特点与另一种可穿戴的超视硬件 AR FORM 的游泳护目镜进行比较（见图 2-11）可以发现两者都能够防水，并且都使用了平视显示器投影。因为用户需求不同，它们的功能具有很大的差异。游泳时人们通常不会迷路，也不会停下来吃火锅，所以 FORM 装备中不配备地图。游泳爱好者不会去关注海拔和雪崩风险，他们关注的是自己的脉搏、划水速度和每一桨拉开的距离。

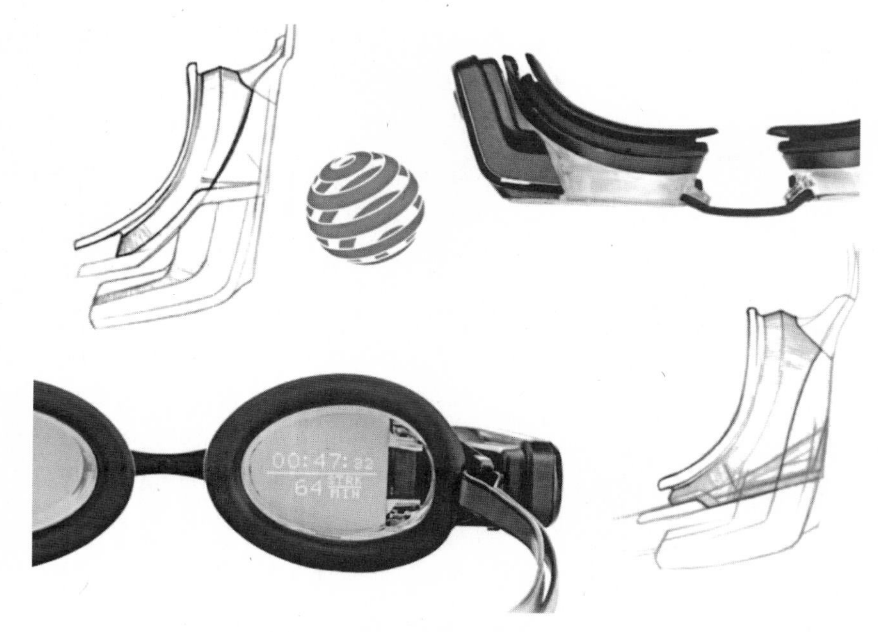

图 2-11　FORM SWIM 的护目镜

注：FORM SWIM 护目镜具有通过 AR 反馈的划水效率与心率数据。游泳通常在视觉观感上很沉闷，所以我很乐意能获得些反馈和分心的内容。

当然，硬件会得到持续改进，但装备提供的个性化教练经验所带来的市场机遇则影响更大、更持久。经验丰富的体育明星将打造并推出供下载到眼镜和护目镜中的教练应用程序，明星运动员回忆自己的成名过程，有抱负的忠实粉丝群体则可以汲取洞见、接受建议以及倾听故事，毕竟人人都喜欢听偶像的心路历程。跟美国网球明星小威廉姆斯学习打网球，或者试着和尤塞恩·博尔特一起冲刺，但是，即使你骑着电动自行车，也可能达不到博尔特的最佳百米速度。除了代言早餐麦片或球鞋外，这些明星的影响力也将更深远、更持久。有抱负的年轻运动员将选择自己理想中的导师，名人运动员将以投影的方式与数百万人同在。跟着这些运动员一起锻炼，他们能教会你技能，磨炼你的心志。几个月甚至几年后，年轻运动员会学到他们偶像的生活哲学及对运动和竞争的态度。跟理想中的运动员学习就像在听一个长期播放的播客，但是有了超视的赋能，比起主持人，他更像是你的教练。

AR 新技术 SUPER SIGHT

转描[①]：增强现实正在改变观赏性运动

1998 年 9 月 27 日，在美国 ESPN 体育频道报道辛辛那提猛虎队对阵巴尔的摩乌鸦队的橄榄球比赛时，Sportvision 首次在直播中使用了“1st & Ten”的黄色线。这条线只有电视观众才能看到，很神奇，好像直接画在球场上、就在球员的脚下一样。这条黄线比之前的橙色信号杆更清晰、更激动人心、更精确，它往往连接着 10 码[②]链尺，在边线处来回穿梭。慢慢地，其他实时视频插入系统（LVI）已经可以帮助观众跟踪肉眼难以看到的动作。这些系统或使用闪光冰球及自带抛物线的高尔夫球，或在棒球比赛中通过好球区方框来判定动作（见图 2-12），甚至帮助观众理解足球和曲棍球中的越位等复杂规则。有了增强信息层，世界杯帆船赛也变得更具观赏性（见图 2-13），其复杂的规则即使在广阔的海洋上也可以清晰地阅读。现在观众可以看到谁领先，谁有优先权阻止最后一个浮标处的戗风行驶[③]。

最近，超视逐步提供了更多的统计数据层，观众可以决定自己想看

① 在拍摄的场景或角色上画图的过程。1937 年，华特·迪士尼和他的动画师们在《白雪公主和七个小矮人》中使用了这项技术，将真人电影图像投射到玻璃面板上，用于描摹和转印每一帧动画。如今，数字转描软件使用运动跟踪技术和描图纸来打造组合效果，比如闪闪发光的光剑。AR 现在可以实时达成这些转描特效。

② 长度单位，1 码约等于 0.9 米。——编者注

③ 帆船运动用语，即逆风行驶。——编者注

多少。在环法自行车赛中，我们现在可以看到运动员的生理特征，例如，为了保住自己领先的位置，Peloton 的领骑员心跳刚刚飙升到 170 次 / 分！对于博彩观众来说，视觉增强可以显示风险和概率，比如足球点球射程的最佳统计距离。

图 2-12　姿势检测技术在棒球运动中的应用

注：姿势检测帮助棒球教练看到动作的细节，并对何时换人做出更好的决定。

图 2-13　带有增强信息层的世界杯帆船赛

注：世界杯帆船赛现在是一项颇具观赏性的运动，这要归功于转播的解释信息。

体育广播也将从根本上变得个性化，其所基于的是你对比赛的了解程度，或者你的梦幻球队中的哪一支将受到下一场比赛的影响。你会看到球员的名字、生理特征数据、速度向量、对他们下一次传球的预测，甚至是曾经被认为不可能捕捉到的球场视野：球员视角、门柱视角或球的视角。

球场视野就是这项技术的例证，由美职篮洛杉矶快船队在2018年推出。通过对球员数据、命中率、篮球轨迹及每个3分球或扣篮的灯光效果进行转描（叠加），观看快船队的比赛方式产生了变革，球迷可以掌控观赛体验。

这些系统实际上是把过去在黑板上做的事情叠加在比赛场地上。有了超视平视显示器，运动可能会变得更加动态。人工智能教练向运动员讲解实时策略时，这也可以同步给观众。但是棒球除外，因为在棒球中，偷取暗号[①]是不可取的。体育联盟的目标是增加收视率，因此这些信息丰富的系统可能会被更多的体育项目采用。

组织教练，让你专注当下

罗萨琳德·皮卡德（Rosalind Picard）开创了情绪感知系统的学术研究。她是《情感计算》（*Affective Computing*）一书的作者，并管理着MIT媒体实验室情感计算研究小组。10年来，她的学生开发了可穿戴传感器，可以测量皮肤电流反应，这使人们可以通过皮肤汗水的盐度预测情绪的变化。他们最近通过训练计算机视觉系统来观察面部肌肉，从而测量能够揭示情绪状态的微表情。

① 即在棒球比赛中利用摄像机等工具获取并破解对方球员交流时所使用的暗号。——编者注

我在 MIT 媒体实验室任教时，有一个学期，皮卡德的学生杰维尔·埃尔南德斯（Javier Hernandez）和穆罕默德·霍克（Mohammed Hoque）在校园里安装了“情绪仪”，这是一个大型的长期微笑监测系统（见图 2-14）。他们在 6 个公共场所放置摄像头，投射出情绪晴雨表，显示每个地点的总体“情绪”。为了提升系统的辨识度和交互性，在摄像机的现场视频中，每个经过的人的脸上都会叠加表情符号：或微笑，或无表情，或皱眉，这取决于系统如何解读路人的情绪。这也有助于解决隐私问题。

我很好奇，比如，媒体实验室的学生是否比计算机科学专业的学生压力更大，或者人们是否下午更快乐，或者考试周是否会导致情绪低落。答案是否定的，这些假设都不成立！结果发现，影响情绪的唯一因素是在任何特定空间的人数：聚集的人越多，大家就越快乐。这就是为什么每天都要让自己置身社交场合，尤其是在黑暗的寒冬或者你感到沮丧的时候。这也是为什么在 2020 年居家隔离期间，我们都开始感到心情不佳。

图 2-14　MIT 校内的情绪仪

如今，建筑环境中已经遍布安全摄像头。很快，这些数据流将获得认知计算技能，包括情感分析，这可以帮助零售商、咖啡馆、电影院、酒吧和职场去测量行为及情感。单口喜剧演员基于观众的笑声来创作剧本，情感分析也为社交环境的设计师提供了真实的反馈。结果就是，将有更多具有情感吸引力的空间。机场有免费的凤梨汁鸡尾酒？是的！调暗餐厅灯光，提供现场音乐？是的！杂货店购物时导购提供服务？也许是这样，这取决于客户。以情绪为终点，公司将迅速从这些措施中总结学习，根据特定的客户群体进行个性化定制，并且有充足的理由，向决策层证明投资的合理性。

情绪分析数据是否应该向公众开放，或者显示为点评网站 Yelp 或 TripAdvisor 上的分数？比起样本高度不足的书面评论，这些无意识的反应肯定会更具真实性和代表性，报道速度也会更快，持续性更强。如果你为小朋友组织 8 岁的生日派对，你可以找出哪个地方可以为三年级学生带来更欢乐的体验：Build-A-Bear 玩具店、儿童主题餐厅 Chuck E. Cheese，还是室内儿童聚会店 Jump On In？如果你把对声音高度敏感的成年人的情绪考虑进去又会有什么样的选择？

我会把钱花在 Build-A-Bear 上，因为通常情况下，购物中心令人忧愁和沮丧。他们提倡将购物作为娱乐消遣，提倡过度消费和浪费的超消费主义。然而，也有例外。1999 年，约瑟夫·派恩（Joseph Pine）在其著作《体验经济》（*The Experience Economy*）中引入了“体验经济”的概念，这为一些品牌带来了灵感，他们开始脱颖而出战胜了科尔士百货公司（Kohl’s）或杰西潘尼（JCPenney）百货公司琳琅满目的货架。根据派恩的说法，商店必须通过情感和参与式体验来实现差异化：想想耐克品牌店的跑步机，或者户外连锁店 Bass Pro Shops 的巨型鱼缸，在那里你试钓的是真正的鱼，而不是特效鱼。

想要更好地理解你、支持你，人工智能教练需要具备情感智能和共情力。

拉娜·埃尔·卡利乌比（Rana el Kaliouby）
Affectiva 公司首席执行官

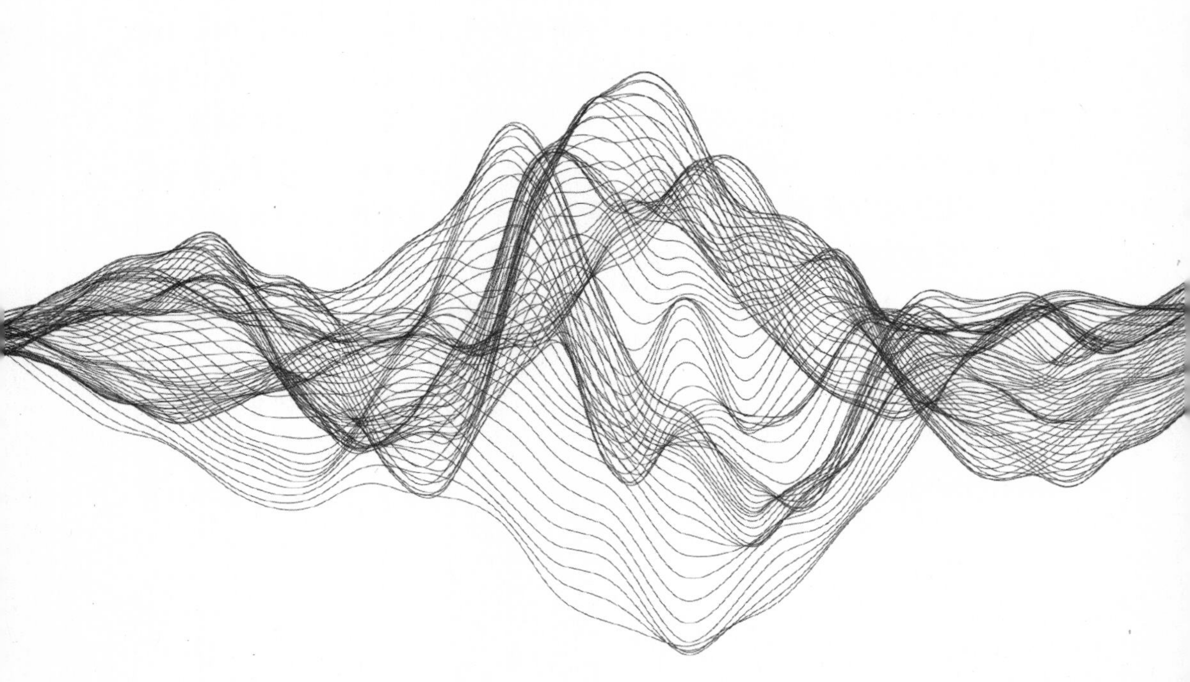

在 Build-A-Bear，你不是在货架上挑选普通泰迪熊玩具，而是为自己设计一只玩具熊。包括皮毛、眼睛的颜色、填充量，都可以自己选择。无论是乐呵呵的胖胖熊，还是运动型的瘦瘦熊，每个孩子都会有自己的体验。这拉近了玩具与孩子们的距离且具有个性化，孩子们玩得很开心，而开心程度也可以用超视来衡量。

Build-A-Bear 与迪士尼联合推出定制的尤达宝宝（Baby Yoda）的项目之后，我参观了前者位于美国明尼苏达州“美洲购物中心”的门店。店里很疯狂。孩子们到处跑，他们呼唤朋友、呼唤父母，欢呼声充斥着整个店铺。我想起了几年前在迪士尼见过 Build-A-Bear 的首席执行官，当时我们共同参加了为期两天的头脑风暴会议，讨论如何设计出像电影《阿凡达》一样充满想象力的世界。当谈到设计和完善 Build-A-Bear 购物体验的整个过程时，他说他们会在每个小熊制作台安排一位带写字板的观察员，了解过程中的每一步需要多长时间，并提出改进的想法。最终，他们的目标是“优化快乐体验”。

在 Build-A-Bear 的故事发生之后，我做了一场演讲，内容是如何设计“魔物”，“优化快乐体验”也是我的目标。我每天都在想如何在更多的日常物品中嵌入传感器、计算装置、连接装置和摄像头等，我突发奇想：Build-A-Bear 店里的观察员手动完成的观察任务，如果超视可以自动完成，会怎么样？或许计算机视觉不仅可以帮助跟踪测量具体的数值，如制作的每个步骤花费的时间，还可以用定量的方式跟踪定性的反应，如孩子的微笑、父母的沮丧等。那天，在笔记中，我写道：“微笑测量服务。”即建立愉悦情绪反馈机制，寻找并优化访客的情绪状态，根据访客的反馈动态地调整环境或互动方式。

当时是 2017 年。现在，大多数商店都配备了基于摄像头的分析系统，可以跟踪访客数量、触摸某件商品的顾客数量、访问者是否与店员进行了互动，以及从浏览到触摸、对话以及购买的转化率。最重要的是情绪分析，尤其是那些衡量参与度的分析，这已经成为教育行业中的热门话题。人工智能专家李开复曾在 MIT 发表了关于人工智能大国的演讲。演讲中，他向观众展示了一个位于教室里面的计算机视觉设备测量了每位学生的参与度得分。注意力及此类测量会让人感觉有些夸张、过于专断，同时也让人不寒而栗。将这种整体参与度反馈给老师，而不强调具体的个体，还真可能帮助老师完善授课方式。

同样，情绪测量仪将帮助零售商、餐馆、酒店、航空公司和游轮更好地衡量客户体验，并不断改进服务。这种情绪测量是否可以像 Build-A-Bear 那样，通过分配员工去观察和记录这些数据来完成？当然可以，但是成本会非常高，且不切实际、带有偏差。

如果世界上所有品牌的门店都安装了情绪测量仪，会产生怎样的次级效应？最主要的次级效应就是四处走动的人会更多，而他们的主要工作就是提升你的愉悦感。除非不快乐顾客的购买量是快乐顾客的两倍，这也不是没有可能的。想想美剧《爱之船》（*Love Boat*）中的邮轮总监朱莉（Julie），她唯一的工作就是完美的开场介绍、促进社交，或者在音乐会上充当舞台助唱。这些人在社交场合为活动注入热情和能量，让每个人都能离开座位、跳起舞来。或许在未来，机器人给你倒饮料时，现在“调酒师”的工作就变成了倾听你的故事、做介绍，并邀请你 11 点后在吧台跳舞！

情商并不仅仅在餐厅和零售行业有益处。摄像头的情绪解读能力也给我们带来了另一个超视天使：人际关系教练。

人际关系教练，帮你掌握领导力及掌控关系

在电视剧《黑镜》的《白色圣诞节》（*White Christmas*）那集中，演员乔

恩·哈姆（Jon Hamm）向缺乏经验的人提供约会建议，他可以通过求助者的眼睛观看并在他们耳边低语。当小心谨慎的单身汉试图搭讪某人时，哈姆在剧中的角色就会提供实时的指导：“不要看她，去和她的朋友聊天。”求助者聪明不到哪儿去，他没有意识到不仅仅是哈姆在观看，所有人都在观看。几十个陌生人（似乎都是男性）也在观看并加入了实时的讨论，就像Twitch视频平台的游戏直播一样。这种做法令人毛骨悚然，同时也侵犯了他人的隐私：把一个人的约会当作众人的消遣（或者起到了教育的目的。仁者见仁，智者见智）。

这为私人教练问题又增添了一个反乌托邦例子，感谢《黑镜》。除了被监视这件事（可能不是像乔恩·哈姆那样帮你约会），考虑到你可能希望经验丰富的教练（包括乔恩·哈姆这样的约会教练）助你一臂之力，在行动、应对、理解和制定促进亲密交流的策略方面帮助你。

前面我们已经介绍了在会议或宴会上提示来宾名字的助手，甚至有的也可以提供话题或轶事来引导谈话。如果他们也能给出增进关系的方法会怎样呢？每个人都很难拒绝这样一位无所不知的教练：它可以帮你解读同事间难懂的对话；帮你在演讲前进行自我肯定；或者只是提醒我们，作为父母和伴侣，如何能够更有同理心及始终如一。

超视可以通过双向的观察使之成为可能：**向外，认识我们周围的世界，包括了解其他人如何看待我们；向内，记录我们自身的反应和情绪状态。**

我们在关注什么及关注的时长，可以揭示很多关于我们自身的信息。众多公司开始使用计算机视觉来监控我们眼睛的运动模式，在日常生活中洞察我们的潜意识。2019年，增强现实世界博览会（Augmented World Expo）上，一家公司通过一个演示分析了潜意识视线跟踪模式，以帮助汽车制造商设计出更具吸引力的汽车。通过测量佩戴AR耳机的购物者精确到毫秒的停留时间，该系统明确了不同类型的顾客可能注意到或忽视的特征，公司可以利用这些信息重新设计或改写营销材料，突出对目标市场最有吸引力的特征。研究还表明，当经历情绪变化时，我们的眼睛会以特有的方式移动，机器是可以学习这种方式的。社交教练应用程序将利用这些特质来洞悉用户的注意力和情绪状态，依此制定出更有效的互动模式，并能够在生活的诸多领域提供即时帮助。

自己眼镜里的摄像头会追踪你的视线，周围环境里的摄像头会分析你的注意力和情绪状态。再加上从别人眼镜里收集到的数据，你就能得到一个强大的信息层，针对一天中的每个行为及每次互动提供行为反馈。我敢肯定我眼镜里的人际关系教练会经常说："不要着急，再听一分钟。从积极的角度思考他们刚才讲的内容，别跑神。""双臂放下，放松，微笑。""多问点苏格拉底式的问题，不要讲寓言故事。"如果是这样的话，我会"解雇"这个人工智能助手。

超视在设计上面临的最大挑战之一就是如何向我们、我们的同伴、我们的雇主及我们的保险商呈现它收集到的数据。呈现的方式使我们可以消费、容忍并且采取行动，并最终带来积极的变化。向人们展示什么内容能够帮助他们为自己做出更好的决定？我们可以同哪类人安心分享这些数据？这些超视人工智能服务很可能会由你的雇主和医疗保险公司补贴，就像今天的员工健康方案一样。这就使得数据政策的设计更具挑战性，隐私也更难得到保护。

你希望看到自己随着时间进步，因此收集这些模式所需的纵向动态和持续的数据存储必不可少。还有谁可能订阅到你的个人记录信息？你只选择与治疗师分享数据吗？对于老板雇用的为你提供职业咨询的职业教练，你会乐于分享数据吗？你是否允许人工智能辅导机构"匿名"访问你的信息，以借此改善他们的服务，而与此同时，你为了他人成为实验室的小白鼠？如果更换工作，是否可以将数据转移到下一家公司，或者是否有权删除？这是不是也会成为面试时的谈判内容，比如用来回应"请向我们展示表现你领导力的内容"？还是说只在被雇用后数据才会转移？想象一下，人力资源服务机构不需要打电话给你的前任老板，只需要打电话给你的人工智能教练进行背景调查。这将彻底变革招聘制度，极大地提升招聘的透明度，同时恐惧感也会萦绕每个人的心头！只有当你拥有自己的数据并掌握访问权限的控制权时，“量化的自我”才会有吸引力。

我们所能获得的多种多样的超视教练不仅能够帮助我们活跃对话，还会在我们的人生中教导、引导我们。它们会使用超视来展示改进的模式和改进的机会。健康教练会观察我们如何管理自己的时间、我们吃饭的时间和吃什么、是否锻炼和锻炼强度，以及我们何时表现出抑郁的倾向或出现躁狂行为。它们会监控我们的媒体消费、睡眠模式及朋友圈的质量。人工智能教练无所不知、无所不晓，它们可以完成如今只有足够有钱的人才可以使用的专家助理的工作：明确事务优先级、给行程表增添信息、过滤通信流（包括新闻轮播），并始终确保你在正确的时间到达正确的地方。其中不乏明星教练，比如：管理思想家、《高效能人士的 7 个习惯》（*7 Habits of Highly Effective People*）的作者史蒂芬·柯维（Steven Covey）；最近营销行动管理方法 GTD（Getting Things Done，完成任务）的组织会推出的另一位大师；近藤麻理惠（Marie Kondo）的应用程序会自动提示你视线内无法激发快乐的事物，帮助你的生活做到井然有序。许多公司会为教练服务买单，使得目前昂贵的领导力教练逐渐大众化，原因就是教练服务可以提升员工工作时的条理度和生产力。

下面是最后一个展示情绪教练潜力的例子。因为超视可以解读他人的情绪，所以它也可以帮助那些需要的人放大微妙的情绪提示。许多情绪感觉迟钝的人会发现这很有用，这其中包括多数 MIT 的老师及我自己，但是这对孤独症谱系障碍[①]患者而言帮助更大。2013 年，谷歌眼镜问世时，神经科学家薇薇恩·明

① 医学名词，孤独症、阿斯伯格综合征和非典型孤独症三种广泛性发育障碍的总称，病征包括异常的语言能力、交往能力等。——编者注

（Vivienne Ming）看到了其帮助孤独症儿童与周围世界互动的潜力，她自己的孩子也是目标用户之一。因此，她做了其他任何自称“疯狂科学家”的人都会做的事情：创建了 SuperGlass 平台，这是一个对面部表情进行分类的应用程序。斯坦福大学的研究人员测试了该系统，发现它提高了孤独症儿童正确识别不同情绪的能力，即使不戴眼镜时也是如此。薇薇恩的团队发现该程序有助于培养共情能力，当然，她的目标不是“治愈”自己儿子的孤独症。正如她所写：“我不想失去我的孩子及他的与众不同。SuperGlass 帮助我们这样的神经正常者理解我的孩子的体验，它并没有为我的孩子创造公平的比赛环境，而只是给他换了副比赛球拍。”

我们思考人际关系教练的正确方式是：不是作为增强版的指导手册或治疗方法，而是作为增进理解和提升社会凝聚力的工具。它们不应该规定谈话方式或行为方式，而是应该引导人们养成更好的习惯和在彼此之间建立更丰富的联系。

03 未来魔镜，让时尚进入自我表达的极致

早在镜子发明之前，人类就因仪式感或战争而着迷于修饰自己的外表。面具、面部彩绘或鲜花装饰彰显了我们的身份：高贵、勇敢或是纯洁。看到自己被修饰或重塑是我们由来已久的愿望，在以面部过滤为特点的未来超视世界中，这变得更司空见惯，也更瞬息万变。

新技术能让我们更好地看到自己，但也总会引发虚荣的革命。起初，古希腊神话中的猎人纳西索斯（Narcissus）爱上了自己在水池中的倒影，但他没有意识到那个俊美的男子就是自己。之后，我们给铜和黑曜石抛光，获得了模糊、不清晰的镜像。历史上的第一批金属镜子很小，价格昂贵又有毒：公元1世纪，在黎巴嫩和威尼斯，最古老的镜子由锡和汞的混合物制成。随着镀银技术的出现，我们开始围绕这种化学技术制造家具，这样我们就可以坐下来用油彩和粉末来修饰自己的外观，却没有意识到其中许多也是有毒的。我们看到的自己越清晰，就对控制镜子中的自己越感兴趣。

自拍文化提供了更多的机会、更多的期望及新式工具，让我们可以向更大的观众群体树立自己的个性标签。心理治疗师兼MIT教授雪莉·特克尔（Sherry

Turkle）[①] 在其著作《第二自我》（*The Second Self*）中记录了孩子们如何利用在线角色来体验不同的身份，并表达对某个群体的喜爱及讨厌。青少年的形象经常会走极端：哥特式服装和妆容、鼻环及文身意味着自己不属于父母的群体，或者表示摆脱权威后获得的新自由。作为成年人，我们的行事方式往往更微妙，但这种表达一直都在。日常的时尚选择表明归属感：剪裁得体的西装外套，显示出在某种职业等级中的位置；一抹桃色腮红，表明你知道本季哪个色彩最流行；一顶带有学校标志、吉祥物或者品牌标志的棒球帽，表达了你对它们的忠诚度。我最喜欢的“无名”品牌，其实本身就是表达群体归属的标志。

通过这种方式，我们是在通过服装的选择来增强现实。我们剃光头是为了感受前卫，给身体涂蜡是为了感受光滑之感，买高性能的户外衣装是为了感受冒险精神。我们每年花费数百或数千美元，不仅花在衣服、鞋子和美发产品上，还花在健身、蛋白质饮品、整容手术和减肥上。我们改变自己的身体和身上的装饰物，或永久或暂时，去匹配一个内在的、看不见的自我形象，抑或去匹配社会强加给我们的来自外部的期望。我们不断地创造身份、彰显身份，都是通过我们选择呈现出的样子来做到的。

超视将给这种普遍的文化现象带来颠覆性的变革：**它将决定我们如何增强自己的身体，不仅是临时的，甚至是瞬时的——也许还可以根据不同的场景进行定制。这甚至可能走到身份扭曲的程度：对每个观看的人而言都是不一样的**（见图3-1）。

---

① MIT 社会学教授、人与技术关系领域首屈一指的社会心理学家，她的代表性著作《群体性孤独》的中文简体字版已由湛庐引进、浙江人民出版社出版。——编者注

图 3-1　超视与极端的自我表达

注：随着超视的出现，时尚也即将进入自我表达的极端。

自我表达：特效相机、虚拟化身、Animoji 动画表情

超视时尚化的出发点就是面部。Instagram 和 Snap 让我们可以在不到一秒钟的时间内轻松有趣地增强我们的外表、我们选择的身份，然后将结果发给数百位朋友、朋友的朋友及陌生人。每次我们让眼睛闪闪发光、肤质光滑或是口吐“彩虹”时，都在尝试新版本的自己。如果你是青少年，你每天可能要玩 15 ～ 20 次。

很快，不只是通过修好的照片传播，任何看到你在社交网站 IRL 上的照片的人都能看到你的摩登范儿。你加了滤镜的照片会出现在别人拍摄的任何照片中，每个戴 AR 眼镜的人都会看到你动漫人物般的大眼睛、绿色的皮肤或莫西干发型。同样，当你经过窗户和镜子等增强表面时，你也会看到石灰绿的虚拟动漫化身。

在一个充斥着屏幕和数字镜子的世界里，加了滤镜的面容聚会就像是一场化装舞会，乐趣来自你几乎认不出你认识的人。每天，你都可以从表现力十足的衣柜过滤器中挑选衣物。你无须穿着紧身裤或购买昂贵的名牌衣服，每天穿着睡衣就可以出门，因为衣服也是可以投影出来的。你的情绪发生变化，外表也会发生改变，要么尖酸刻薄的形象被放大，要么温柔一些，显得不那么严厉。

这将不可避免地导致更多的实验性外表。不用在 IRL 上只用一个特定的照片，你只须为朋友打开滤镜，就能展示不同的照片。那么，为什么不每隔几个小时就换一次眼睛的颜色、染个新的发色或是换个眼镜框呢？我们可能会进入一个像电影《饥饿游戏》（*Hunger Games*）一样的世界。在这个世界里，我们不断试图在打扮上超越对方：更加闪亮，更多飘逸的假发，更多动画中的大礼帽，更多彩虹般飞舞的蝴蝶，更多……设计将变得越来越狂野：动物配饰，变色龙般随环境改变而变化的颜色，像埃菲尔铁塔一样惊人的背景或龙卷风降落在你身后。对于那些不想参与这种消费文化的人来说，也可能会有一场反运动，他们需要最平淡、最简单的东西。

衣橱也将是动态的，一整天都会在行动和情绪的反馈循环的基础上发生变化。我走进一个 IRL 会议时，发现其他人都没有打领带，我会小心翼翼地摘掉自己的领带。有了超视眼镜，你不需要自己观察别人的穿着再去做决定，你的眼镜就可以调整你的衣服。如果关注度过高，你可能会调整得低调些；如果根本没有人看着你，也许是时候穿戴更吸引人眼球的东西了，比如包含动态涡轮机的帽子？

我们正在朝向一个具有超高表现力的未来前进，为了验证这一想法，我在巴黎会见了路威酩轩（LVMH）公司的首席数字官伊恩·罗杰斯（Ian Rogers）。路威酩轩是时尚品牌之母，旗下有路易威登、芬迪、纪梵希、迪奥和其他 75 个奢侈品品牌。关于增强技术在时尚圈的应用，罗杰斯认为，“增强现实将改变我们的生活，尤其是在时尚和身份认同领域”。通过跟踪社交媒体，罗杰斯的团队发现“虚拟文身和真实文身的使用正在呈上升趋势”，同时，其他个性化表达符号的使用也呈现上升趋势。“我们需要独特的身份认同和地位，这种差异性体现在品牌中，而品牌是我们文化的一部分。”我们越熟悉数字增强技术，就越愿意通过身体的和模拟的方式来展示这些身份。我们可能会中午换衣服，仅仅是因为乐意；或者我们会在派对上换三次衣服，像麦当娜一样。这当然会为零售商带来丰厚的利润。“租借让你更勇敢，”罗杰斯提到，“大家需要走出舒适区，尝试新身份。”

超视将永远改变我们的自我表达方式，以及别人看待我们的方式。当我们的虚拟身份变得像曾用来制造镜子的水银一样流动时，我们会选择成为谁呢？新的想象力引擎超视将如何影响时尚的步伐，以及消费的体验？

魔镜魔镜告诉我，重新思考零售业

魔镜魔镜告诉我，谁是天底下最美丽的人？

童话故事《白雪公主》中，王后向魔镜问出了很自恋的问题，她期待魔镜认同自己的美丽。相反，王后得到了令她反感的答案。镶嵌在王后“魔法”镜子中的 AI 摄像头计算她的特征向量，并将其无线上传到云中，整个过程只需片刻时间。然后，人工神经网络系统立即将王后的脸与王国中的所有脸进行交叉检查。那天晚上，结果让邪恶的王后很难过，同时也让一位漂亮的年轻女士和 7 个悲伤的小矮人陷入了濒死的境地，完全不值得羡慕。

如果我们家里的镜子真的变成会讲话的顾问会怎么样？镜子可以提供穿搭建

议，而且比任何善意的母亲都更诚实，也更客观？我们是希望它更现实，避开“你看起来很棒”的客套表达，还是希望它能帮助我们强化自信，让我们继续生活在善良的谎言中？

在上一章的讨论中，我们开始注意到有助于家庭锻炼的魔镜，但是技术专家们已经在酝酿其他实用的或是虚荣的镜子应用程序了。

在 2004 年的一次 TEDMED 会议[①]上，我向现场观众展示了增强镜子，该镜子安装在浴室里供日常使用，可以将体重、最近的体育锻炼、心率变异性和血压等健康指标叠加到你的镜像上，并突出健康趋势或需要注意的地方。在身体的各个部位上叠加信息可以调动积极性，如心脏上显示脉搏和血压，额头上显示压力水平，四肢上显示活力值。每天的健康反馈变得不可避免，并且使人从心理上愿意接受健康反馈。现在，除了显示身体状况、健康反馈及天气状况，我们可以通过家庭镜子完成更多的事情，比如时尚穿搭。

几年后，我在斯隆管理学院遇到了硕士生萨尔瓦多·尼西·维尔科夫斯基，我答应为他的硕士项目提供指导。他来自时尚界，希望能够在普拉达、迪奥、阿玛尼和汤姆福特等高端商店尝试新型试衣镜。得益于特拉维夫强大的工程团队，我们发明了神奇的 MemoMi 试衣镜。MemoMi 能够识别顾客，具有比较服装的功能，并能推荐你可能喜欢的其他服装。顾客试穿一套衣服，然后在镜子前面旋转，这样镜子就可以拍下 360 度的视频。当你试穿多套衣服时，镜子可以把试穿的服装并排显示，这样你就可以比较哪套最好看（见图 3-2）。下次再步入这家店的时候，镜子会记得你及你购买过的商品，以便更好地推荐试穿服饰。

维尔科夫斯基于 2015 年在尼曼百货商店（Neiman Marcus）安装了第一版

① TED 旗下一个以健康和医学为关注重点的年度会议。——编者注

MemoMi 试衣镜，广受好评。人们不仅喜欢这种体验，也经常会把旋转的对比照片发送给朋友和家人，想要得到他们的评价和反馈。这也使购买者对自己购买的商品更有信心。退货率从 25% 左右的行业标准骤降至 15% 以下，解决了服装行业的顽固问题，真是出人意料。

图 3-2 用户在 MemoMi 试衣镜前试穿衣服

注：MemoMi 试衣镜可以帮助你比较不同款式的服装，也能更换衣服的颜色。

优衣库总裁在全美零售业联盟展看了演示后，要求维尔科夫斯基和 MemoMi 为他的连锁店开发人工智能镜子。优衣库品牌以同款多色著称，所以优衣库版本的镜子需要一种新的算法，即识别毛衣、裤子或连衣裙的边缘，将衣服从背景中分离出来，然后不断地改变衣服颜色。你不再需要试穿 4 件同款不同颜色的衣服，只需要在镜子前做一个滑动的手势来改变颜色即可。

你如何客观地知道自己选择的衣服看起来适合呢？一件衣服是否“适合”你主要依据主观的判断，人们认为传统的计算机视觉无法做出这种判断，但是人工神经网络的训练基于成千上万的正面评分和负面评分的例子，比如衣服太紧、衣服太松，以及衣服恰到好处，然后才能提供更准确的意见。再加上能准确了解你身体轮廓的镜子，你就像裸体实验室的模型，镜子使用红外投影来测量你的身体尺寸，并跟踪时间带来的变化，这样你就能穿着修身得体的衣服、感到更加自信。

随着镜子的观察和推理能力的进一步完善，公司将提供新的服务，这将彻底变革时尚、服装及美容行业，带来数十亿价值的定制产品订单。除了安装在商店更衣室的墙上，这些镜子还将安装在个人家庭及高端酒店的房间里。镜子可以对我们的身体进行 3D 扫描，将扫描信息与认知计算机服务进行比较，并适时提供专业的时尚推荐。

你早上将不再需要为穿什么而困扰。盘点一下衣柜里的衣服，考虑最新的时尚潮流、当天的天气情况、日程表里的大型推介会，同时还需要了解你的老板会穿什么——老板也有一面魔镜，你的镜子会推荐几款最佳搭配。

通过这种方式，魔镜的出现将改变人们购买服装、鞋子、配饰，当然还有化妆品的方式。你可以从时尚品牌的标签上或根据名人推荐下载支持镜子功能的应用程序，你会收到品牌风格建议和购物推荐，这些完全基于你自己的体形、独特的品位和需求定制，例如碧昂丝的“Work It Out”健身装备（当然，这也会包括她的品牌 Ivy Park）。此类推荐服务的商业模式依赖收入分成：当你购买所推荐的商品时，应用程序从你支付的费用中抽取一部分佣金。

即将到来的网红新时代也将给你的试衣间带来影响。博主和 Instagram 明星不仅会通过在线视频对最新流行趋势进行评论，还会出现在你的镜子里，清晨时分为你一天的穿搭提供真诚的建议。之前的 YouTube 化妆教程明星将出售在线镜子课程包，帮助培训崭露头角的彩妆新星。或者你可以请纽约时装技术学院的学生帮你搭配衣服的颜色。

我们已经通过自己做出的时尚选择来增强现实。我们通过自己的装扮，不断创造着身份、彰显着地位。有了超视，这些决定不仅仅是临时的，同样也是瞬时的，并能根据每个场景量身定制。

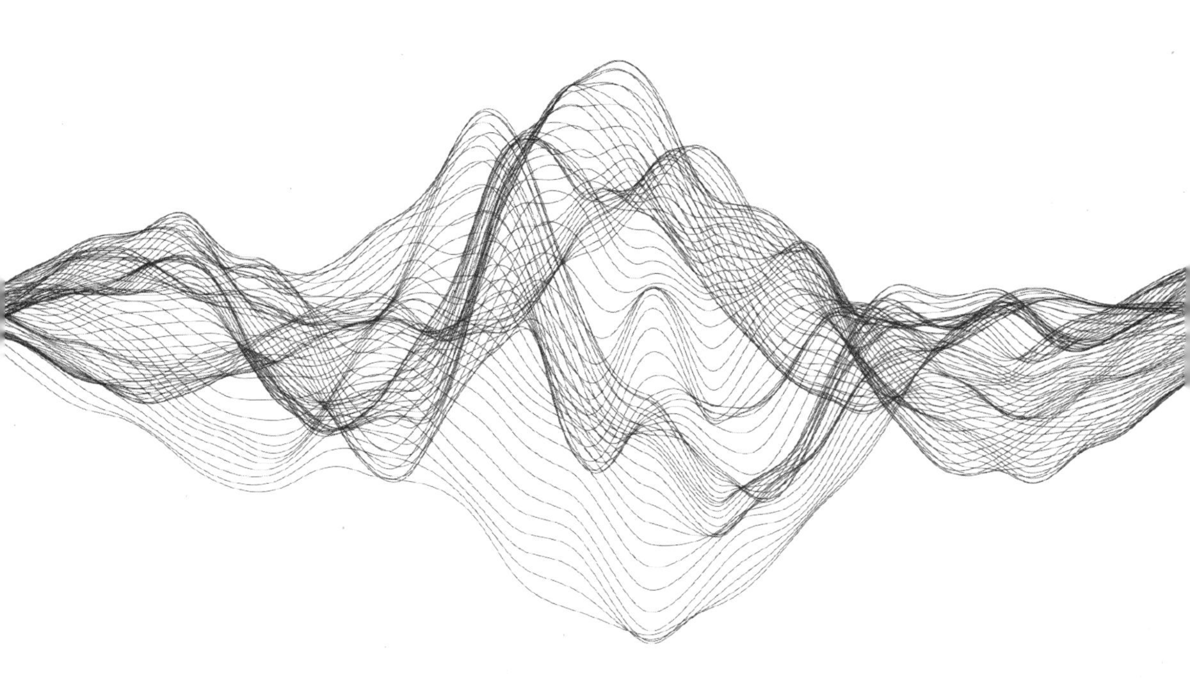

要想真正的蒸蒸日上，时尚品牌必须开始反思传统的渠道策略。专用旗舰店成本高昂，但访问量却远低于健身房或街角咖啡馆。品牌如何部署魔镜，将虚拟体验融入各类客流量较高的场所：酒店套房、餐厅、音乐厅及家庭？如果知名的大型时尚品牌迟迟不肯接受不同环境下的试穿体验服务，那么有钱的初创公司将成为“最美丽的人”。

关于个性化表达，新的镜子技术将使访问和试穿都变得更加容易。当然，这样做的不利之处取决于选项本身的数量。

虚拟试穿，解开“选择的悖论”

之前，你会觉得沙拉酱或维生素的种类让人眼花缭乱。

现在，走进一家眼镜店，琳琅满目的镜框种类让你眼花缭乱，而且是字面意义的眼花缭乱。各种材质、形状、尺寸及品牌应有尽有，它们都在呼唤你去试戴。大多数情况下，90% 的镜框都不适合你：有的会盖住你的脸，有的会和你的眉毛融为一体，戴起某经典款太阳镜又会让你看起来像自己的爷爷。飞行员镜框怎么样？标新立异的人才适合佩戴。

眼镜代表一个人的个性和风格，因而选购哪款便是一个至关重要的选择。毕竟，在接下来的几年里，眼镜会“骑”在你的鼻梁上，在你与世界上任何人开展的每一次谈话中都占据最重要位置。关键是，如何在众多的选择中挑选出最适合的呢？

沃顿商学院的行为经济学家巴里·施瓦茨（Barry Schwartz）在其里程碑式

的同名著作中描述了他所说的“选择的悖论”[1]。这本书收集了关于消费者行为的研究，得出的结论是：当购物者拥有的选择更少而不是更多时，会更快乐。施瓦茨著名的沙拉酱研究表明，如果供消费者选择的种类较少，他们更有可能购买。而众多的选择，则会让我们困惑。但超视可以解决选择的悖论，主要通过精简复杂的浏览过程，同时提供合适且极具个性化风格的商品。

在眼镜公司沃比帕克供职时，我的团队开发了虚拟试用（VTO）服务，在超视的指导下，将零售体验嵌入手机中。多亏了安装在新款智能手机上的极度灵敏的 3D 摄像头，我们能够将 4 万个红外线点投射到顾客的面部轮廓上并且读取这些数据，所用时间不足一秒。然后，我们将这些结果映射到关键面部特征（瞳孔距离、鼻梁高度、颧骨等）的拓扑结构上，推荐最适合顾客面部特征的眼镜款式。换句话说，人脸解锁手机的技术也可以帮助缓解购物时面临的选择悖论的问题。

为了优化虚拟试用推荐算法，我们首先收集了沃比帕克现有客户的眼镜购买记录，以及他们试戴过却没有购买的眼镜数据。由于该公司向顾客免费发送 5 种镜框供其居家试戴，所以这些供训练使用的数据很容易获得。我们也使用不同的人工神经网络进行实验，每个人工神经网络承担不同的工作。第一个人工神经网络选择优化脸型的眼镜形状，第二个对眼镜与头部的贴合度进行评分，第三个对肤色进行评估，以确定眼镜材质。综合起来，这些基于人工智能的判断不仅可以为顾客进行中肯的风格推荐，还可以解释清楚为什么眼镜戴上好看或者不好看（见图 3-3）。使用多个人工神经网络的集成方法解决了人工智能中的可解释性问题：帮助人类理解机器学习算法，否则这些算法就是“黑箱”。

---

① 《选择的悖论》（*The Paradox of Choice*）中文简体字版已由湛庐引进、浙江人民出版社出版。——编者注

图 3-3　沃比帕克公司的眼镜推荐工具

注：在不到 1 秒的时间里，沃比帕克的“寻找合适的眼镜”工具扫描你的面部轮廓，然后推荐了数款适合你的眼镜。我们在推出虚拟试用可视化前一年开发了这个基于测量的推荐工具。

虚拟试用服务刚上线时，一时轰动。这是增强现实在电子商务领域真正意义上的首次成功。沃比帕克公司赢得了 2019 年时尚和美容类的韦比奖（Webby Award），公司的投资立即获得了回报。虚拟试用服务还吸引了许多新的不同类型的客户，包括科技爱好者和城市中心以外从未去过沃比帕克实体店的人。虚拟试用应用程序的下载量大幅增加，每个月都有数百万人试戴眼镜（见图 3-4）。零售协会报告称，顾客信心增强：顾客走进商店，只触摸和感受少数产品，购买速度更快、更有信心，退货也变少了。然而，最令人惊讶的是，首次出现了顾客直接从该应用程序中订购眼镜——不再进行亲自试戴，也不再注册使用家庭试戴服务。如果是在 Instagram 上购买一件 20 美元的 T 恤倒还可以理解，而购买需要验光、每天佩戴的眼镜，而且这些眼镜会在接下来的数年代表你的身份，这很难理解。

沃比帕克公司规模开始扩张，经营重心变成在数百个美国城市的交通最繁忙、租金最高的地段建造更多的实体零售点，如纽约市的洛克菲勒中心。因为有数以百万计的潜在顾客在营业时间外从商店的橱窗前走过，我认为应该基于虚拟试用打造一个特别的橱窗。因此，我们使用为该应用程序开发的相同的面部扫描、数据挖掘和增强投影技术，创建了一个橱窗。当你走过商店时，这个橱窗可以将五副完美适配的眼镜投射到你的脸上。每走一步，你都可以在商店橱窗的镜面显示器上看到一组不同的镜框，所有这些镜框都适合你佩戴，因为系统会 3D 扫描你的瞳孔距离和脸宽，并考虑你的肤色和脸型。

图 3-4 沃比帕克公司的虚拟试用服务

注：图中，我戴着自己的眼镜，同时投射出同款镜框的水晶版本，以展示对比效果。

试戴体验具有空间化、方便查看及环境商务等特点，很快就可以用于更多的商店橱窗，尤其是那些可以投射到你身上的产品。每个月会有数百万人经过纽约第五大道的卡地亚商店。为了防止盗窃现象，卡地亚的经理移除了假半身像上令人炫目的胸针和项链。然而，有了增强现实，商店可以在几个小时后将新品目录中闪闪发光的饰品投射到每一个路过的人身上！

除了眼镜行业，其他许多行业也在试图解决

适配问题。有多少次你从架子上取下商品，却发现将其放在大箱子里显得太小了？或者你几乎网购所有东西？我们非常不善于猜测衣服上身会是什么样子，这对各公司来说也是一个代价高昂的问题。根据全美零售联合会的数据，2019 年，美国人的退货商品价值达 2 600 亿美元，占总购买量的 8%。我前面提到的路威酩轩高管伊恩·罗杰斯也承认，迪奥、芬迪和古驰等奢侈品牌的产品退货率为 30%~50%。购买合身的衣服很难，这就是为什么我们经常订购多个尺码，尤其是当我们不需要为退货买单时。

退货对环境造成的影响深远且其本身是不可持续的。每次退货，你不仅要考虑货物返回加工中心的里程，还要考虑货物要重新进行仔细清洗，使用一次性塑料重新包装，然后再次运送出去——如果货物被再次购买的话。在美国，10% 的网上退货被焚烧或捐赠，剩下的 50 亿吨织物每年都被填埋。类似虚拟试用之类的工具可以扫描我们身体的各个部分：购买鞋子时可以扫描脚，购买手表时扫描手腕，购买戒指时扫描手指。这都会为客户提供更完善的信息，帮助客户做出明智且合适的选择，减少浪费和商品退货率。各方获利！包括环境。

利用超视技术将退货率降至最低，ZOZO 无疑是这场运动的领导者之一。ZOZO 由日本企业家前泽友作（Yusaku Maezawa）创建，前泽友作凭借 ZOZOTOWN 成为亿万富翁。ZOZOTOWN 是一家迎合年轻人和时尚前沿的时尚网站，在日本网上服装市场占有重要地位。为了解决合身的问题，他们发明了紧身套装，上面覆盖着貌似乒乓球的东西，称为基准[①]套装（见图 3-5）。类似于安迪·瑟金斯（Andy Serkis）在《指环王》（*The Lord of the Rings*）电影中扮演上蹿下跳的咕噜时穿的套装。这款计算机视觉友好的服装有助于为顾客精确测量身体各个部位的尺寸，然后利用这些尺寸向顾客销售衣服。

---

① 基准，计算机可读的视觉标记，相当于应用于现实世界的独特标签，就像条形码或二维码。例如，贴在人体某部位的贴纸或球，用于详细跟踪其位置，如用于动作捕捉。

图 3–5 ZOZO 套装的虚拟试穿工具

注：ZOZO 套装试图借助布满波点的全身紧身衣来借助于计算机视觉解决“合身问题”。对着摄像头旋转，你的尺寸就会实现数字化。

想象一下，如果身体扫描能确保你订购的每样商品都完全适合，那么这真是梦想成真的时刻！而你甚至不用去商店，因为 ZOZO 会免费送你这套装备。穿上它，设置手机，每次以 30 度的幅度进行旋转，直到系统捕捉到 360 度的身体。这样，系统里就有了你身体的 3D 模型，买衣服时的合身问题和零售商的退货率问题就被完美解决了。

顾客获得精确测量身体的新工具可以减少浪费的现象，零售商和制造商也可以节省大量资金，消费者的购物体验也会得到优化。当你拥有的所有衣服上身都很好看时，你可能想购买更多的衣服。那么现在的问题是：这些衣服要存放到哪里呢？

衣服总是合身，预测性衣柜创建美好的未来

在哥本哈根交互设计学院，我和来自伦敦的魔术师阿德里安·韦斯塔韦

（Adrian Westaway）共同主办了关于魔物的年度工作坊。学生们学习了魔术历史及魔术技巧后，我和阿德里安就给学生们布置作业：到宜家制作一件魔术家具的样品。学生们通常会从普通物品开始——窗帘、茶几、灯和橱柜，然后运用我们的魔术创造出满足人类基本需求和欲望的新产品。

如你所料，学生们会制作出奇妙的物品。这些年来，我最喜欢的物品有：魔镜——它可以展示未来的自己，结合你目前的吸烟情况、锻炼情况和不良的饮食习惯等；智能电灯——它可以推断你当前的运动状况（在沙发上看书，跑来跑去打扫卫生，打瞌睡等），并调整灯的亮度和色温来适应你当前的活动；以及与亚马逊网站连接的厨房橱柜，像酒店房间的迷你吧一样可以自动补充，然后你取出额外的洗碗肥皂时会收费。

通过了解服饰搭配及运用大数据预测算法，一个引发思考的想法初步形成，即衣橱自动存储衣物。你不用在购物中心苦于诸多选择而不知如何下手，或者因在网上订购了错误尺寸或错误颜色的衣物而烦恼。你的衣柜会根据你的尺寸和之前的穿搭记录及穿搭喜好自动装入适合你的衣服。这种无厘头似的概念从根本上改变了购物的商业模式和过程，迎来新兴的趋势：预测经济。

该潮流的先锋，像 Trunk Club 和 Stitch Fix 这样的数字化个性购物平台，市场表现非常好：在 2017 年公开募股之前，尽管 Stitch Fix 获得的资金不到 5 000 万美元，它仍创造了近 10 亿美元的收入。此类服务平台尝试了解顾客的时尚喜好，然后主动向顾客寄送他们可能想要购买的衣服。

以下是 Stitch Fix 的工作原理。首先，你需要进行个性化风格测试，向系统提供基本信息，如尺码、颜色喜好及希望的正式程度（工作用途还是休闲用途），然后告知平台喜欢和厌恶的事情，如想要显露某些身体部位或遮盖某些部位。同时，你需要对平台提供的服装搭配进行打分，选择大拇指向上或大拇指向下。布料上的褶皱让人感觉仿佛回到了 20 世纪 80 年代，那么全黑的摩托车手造型呢？喜欢这款搭配。然后平台就根据测试寄送 5 件衣服给你。你试穿这些衣服，想要哪件就支付哪件的费用（减去预付的 20 美元造型费）。

随着 Stitch Fix 的模式变得愈加成熟，公司便开始“将数据科学融入公司的结构中”，每件衣服上都标有十几个标签。Stitch Fix 仍然使用顾客风格测试的结果来缩小备选衣物的范围，但现在你不是唯一的数据点：它还考虑时尚潮流、与你有相似档案的其他人的喜好，以及其他标准。每次你把衣服寄回来，你不仅帮助训练了关于自己的算法（所以每一盒新衣服都越来越有可能是全部卖出），同时也帮助训练了关于其他人的算法。顾客受益，Stitch Fix 也受益，因为一开始 5 件衣服你只会买一两件，而现在你会买上 4 件。

超视，特别是与前面我所描述的魔镜配合使用时将开启一个美好的未来：衣服总是合身的。因为它们可以精确地知道你的尺寸，从你在各种活动中的典型穿搭中识别出来你的风格偏好，从你喜欢的网红可以确定你期待的时尚搭配。这些预测系统在预测你的需求方面会变得非常智能，因此购物仅仅意味着打开你的衣橱，拿出下一套衣服，然后穿上就可以了。

像 Stitch Fix 这样的服务平台目前提供寄送试穿衣物的服务，但是我前面提到的衣柜会自动接收服装投递，而且不存在处理包装废弃物的问题。就我个人而言，我会爱上这项服务，因为如果我计划去参加一个演讲，衣服还没有洗出来，而且我要坐的飞机几个小时后就要起飞时，这项服务会对我大有帮助。

亚马逊也在着手研究这些预测算法。事实上，我怀疑 2017 年推出的亚马逊 Echo Look 摄像头（一项推荐穿搭的服务，见图 3-6）就是一项实验，旨在了解人们风格偏好的持久性和敏感性。当你拍下自己穿着各种服装的照片后，主观神经网络（根据直觉、本能、品位或感觉做出判断的网络——通常只是人类的特

图 3-6 亚马逊的 Echo Look 服务

注：亚马逊的 Echo Look 服务通过使用主观神经网络，并基于个性化风格推荐，为用户选择今日穿搭。

征）会根据当前潮流趋势对穿搭进行评分。主观网络发挥了深度学习的优势，也展示了其未解难题，即人工智能的逻辑是不透明的：你穿这套衣服更好看，别问我为什么，确实如此，原因有成百上千个。

在 Stitch Fix 模式中，你只需为实际穿戴的衣物支付费用，并可以选择退回不合身的衣物，并且不需要付款。未来，你的衣橱也将采用类似的模式：首先预储存服装，超视将开启按使用付费的商业模式。当你车里或门铃上的摄像头观察到你外穿的那件新夹克，你的信用卡就会按日进行扣费。

预测消费与小额支付模型已经有了新的用途：预测型酒店迷你酒吧。每当你移动物品时，就会启动自动传感器，并立即通过支付房间账单来计算你的“罪过”。他们会准确地预测出你想要并会购买酒、咸薯条、坚果和巧克力，几乎任何价格都可以，只要能够买到。你可能永远不会去酒店大堂花 6 美元买一个士力架，但是，如果它们就放在电视机下面呢……当酒店集团通过多次入住记录了解到你的习惯时，精明的品牌商就会购买、出售或分享你的偏好数据，并对出现在房间里的物品进行个性化布置。你会发现，房间的迷你吧里面有你最喜欢的啤酒、坚果和价格公道的巧克力。至于你前两次在大堂酒吧喝过的那款葡萄酒，房间里会放上同样的一瓶等待你去享用。

在时尚界，我把这种迷你酒吧服务模式称为预测型衣柜。它融合了大数据的洞察力、对天气和日程表事件等背景性知识的理解，以及后期绑定的商业模式，即人们倾向于认为应该先提供有价值的东西，然后再完成金融交易。仍然有很多服务设计问题需要解决：哪项服务负责确定衣柜里预先放置多少衣架来迎接接下来的 5 套或 10 套衣服？以什么频率寄送服装——按天，按周，还是按月？如果需要购买的话，顾客如何沟通价格？与任何新产品或新的服务理念一样，随着时间的推移，这些问题将通过客户访谈、样品试用、测试及从一些初创公司的失败中得到解答。

超视还可能变革我们对产品提供反馈的方式，从星级评定转变到微笑指数。通过训练，零售环境中的摄像头（甚至是超视眼镜中的摄像头）可以理解你的微表情，揭示潜意识对服装和配饰的反应，以及其他人对你穿着的反应。利用反馈，摄像头的人工神经网络被重新训练，以获得更好的后续着装建议。你可能觉得镜子里的自己穿得很不错，给自己微微一笑，但你的家人会怎么看？就像我十几岁的女儿会略带嘲笑地讲："老爸，运动鞋不错哦。"但其实她是觉得我试穿的运动鞋略显新潮。你的同事会对你的鞋子发表评论吗，或者很有可能他们只是有点吃惊？这些信号会自动聚合，对服装提供反馈意见，并会影响下一次寄送到你家的服装。

最终，有了预测型衣柜，我们将不需要购买服装，而只需要租赁服装，就像数百万人现在通过 Rent the Runway 公司租赁衣服一样。Rent the Runway 公司的目前市值超过 10 亿美元。他们的服务允许你短期租赁或一次性租赁服装，比如夏天你堂兄婚礼上的那套花哨西装，出租价格仅为零售价的 10%，然后在不需要时即可归还。这让人们可以既跟紧时尚潮流，也不会有廉价的快时尚（其中估计 50% 的商品在一年内会被扔掉）带来的浪费问题。

当然，租赁经济的兴起也会带来环境方面的负面影响，类似于服装退货的问题。每次你退还衣服给租赁平台时，衣服都需要寄出仔细清洗或干洗，并在投递给下一位顾客之前重新包装（Rent the Runway 公司拥有世界上最大的干洗服务，每小时可处理 2 000 件衣服），但退还租赁的服装显然比扔掉要好一些。宁肯爱过而又归还，也不要做一个从未爱过的人，难道不是吗？

同样值得注意的是：如果我们不再拥有自己的衣服，也不需要存放它们，那么我们的衣橱只需存放下一套推荐服装，所以衣服也不会占用那么大的空间。健身房将提供健身房服装，办公室将提供职场服装，晚礼服会及时送达酒店，你只需像超人一样快速换装就行了。

我们也不需要再洗衣服了：我们的脏衣篮将变成联邦快递的无人机包裹，把衣服带回配销中心，上面的相关数据表明了下一步哪些衣服会被运送到我们的小衣柜。

接下来，我们关于超视功能的讨论将从装饰物扩展到室内设计。

积极参数设计，打破想象力的失败

任何买过扶手椅的人都知道，比门柜宽半英寸的扶手椅是无论如何也无法通过门框的，我们在服装和眼镜方面遇到的问题也适用于室内装饰。例如，油漆色卡永远无法准确展现出油漆涂在浴室墙壁上的效果；在一平方英寸[①]的面积上看起来完美的鸭蛋青色调，当大范围使用时，颜色几乎总是过暗或过浅。即使是专业人士也不能仅通过色卡就想象出墙面涂上该颜色的效果，精明的室内设计师会购买五品脱[②]各种颜色的油漆，将它们涂在客厅的墙壁上，然后做出最终的选

① 约等于 6.45 平方厘米——编者注。

② 英美计量体积或容积的单位。用作液量单位时，1 品脱在英制中约等于 0.57 升，在美制中约等于 0.47 升；美制用作干量单位时，1 品脱约等于 0.55 升。——编者注

择。我很好奇，为什么我们的大脑不能推断出单色的效果呢？

接下来是更困难的挑战。闭上你的眼睛，试着想象你现在所处的房间里没有了家具、照明设施、窗帘及地毯。现在选择一种风格，比如说20世纪中叶现代风，随意放入新沙发、椅子、镜子、装饰地毯、灯、桌子及墙上的艺术品。假设重新设计费用为1万美元，你会对自己的想象力有足够的信心，提前订购所有的家具吗？我也不会。

我把这类问题概括为想象力的失败。当然，我们希望能立即看到德·库宁印花（de Kooning print）在自己家墙上的效果，或者户外家具与家里的栅栏是否匹配，但是我们大多数人都没有经过空间训练，也无法创造性地视觉化这些家具。现在有了超视，我们就可以做到了。我们甚至可以在送货员在楼梯间破口大骂之前判断出新沙发是否能安全地从门里穿过。

想一想我们购买艺术品时的情况。艺术品是平面的、静态的，我们需要想象其安置在同样平面的、静态的墙上的效果。这看起来很容易，但是你都无法推断出灰度略有不同的颜料会改变房间的整体氛围，更别提色彩复杂的大型艺术品了。

众所周知，在网上出售艺术品很难。看着屏幕，让情绪产生共鸣实在太难了。同样，你也很难想象将画挂在壁炉架上的效果，即使现在你就坐在壁炉前也无法做到。现实生活中这些颜色会是什么样子？32英寸 ×16英寸 ×20英寸到底有多大？ARTSEE应用可以使用增强现实技术将画作比例完美地投射到所选的墙面上，不管是在色彩诡异的沙发上还是猫爪抓过的雕塑上方。然后你就可以判断这幅抽象画尺寸是否合适，是否与你现有的家具冲突，是否会冒犯你的猫咪（也许猫咪更喜欢风景画？）。这样的效果会说服你通过手机屏幕投资数千美元吗？答案也许是肯定的，因为你（和你的猫咪）现在已经看到了画在真实情景中的效果。

ARTSEE 对平面 AR 的应用从技术上来讲难度不大，在像家具等不规则物体上应用图案和纹理才更具挑战性。通过宣伟涂料（Sherwin-Williams）或家得宝（Home Depot）的移动应用程序，可以在房间内可视化油漆样本，但是使用图案织物重新装饰鳌脚的沙发，或者在早上、中午和晚上不同的时间段尝试薄纱似的下垂窗帘，都要复杂得多。渲染方面的专家认为，具有真实感的悬垂模型的计算成本非常高。对于皮克斯电影来说还好，但大型的虚拟窗帘想要出现在房地产信息查询网站 Zillow 上，还有很长的路要走。

像家具这样的坚硬物体，虚拟试用现在广泛可用。如果你在宜家、家居电商 Wayfair 或家得宝购物，家具可以按照比例“安放”到你家客厅，这样你就可以清晰地看到餐桌在你家客厅的效果。相比传统的陈列区，在宜家的 AR 应用程序上（见图 3-7），难以可视化的家具销售要快得多。对于特大床、带搁脚凳的躺椅或长长的餐具柜来说，实际环境是最重要的。现在，在地铁站台上投放 AR 沙发似乎既是一种美好的愿望，也是一种流行的趋势。宜家的 AR 应用程序能够根据你的现有空间推荐家具，使家具既适合房间，又和你家里目前的颜色甚至风格相匹配，无论是北欧现代风还是维多利亚怀旧风。通过人工智能技术将虚拟新家具放置在合适的位置，你可以拿着手机四处走动，查看比例，近距离观察织物细节，然后用手指轻轻一划就可以对家居进行重新布局，也省去了搬运家具带来的背部疼痛。

图 3-7 宜家 AR 应用程序的使用效果

注：宜家使用增强现实给房间布置艺术品与照明设备，做到家居风格一致，同时空间上也完美匹配。

宜家的增强现实应用程序涉及另一个重要的技巧：人们通过切换动态装置可以改变虚拟场景的照明情况。宜家研究和设计实验室 SPACE10 的主管卡夫·保尔（Kaave Pour）将这种方式称为“有趣的灯光互动”。就像能够提前查看油漆褪色、地毯起球或因使用而有污渍一样，这种功能简单且令人愉快，有助于合理购物，不买最贵的，只买最耐用的。

对任何家庭而言，最好的照明就是阳光。AR 应用程序 SunSeeker 精确地显示了任何季节任何时候太阳一天中在天空中的位置（图 3-8）。应用程序通过 GPS 对你进行定位，然后投射出太阳在你头顶的轨迹和位置。它非常适合在阴天居家购物时使用，以及预测春分那天光线从哪扇窗户进来……然后选择合适的位置安放沙发，以供你在午后阳光下小憩！

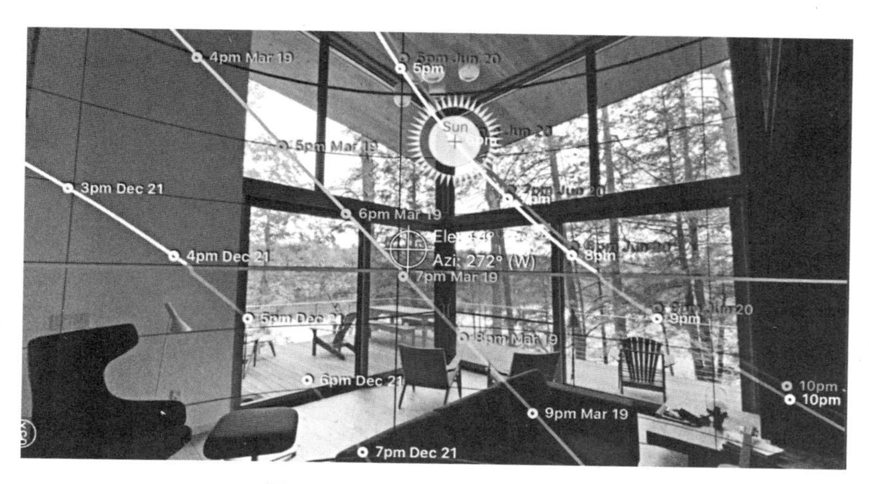

图 3-8　SunSeeker 的显示效果

注：SunSeeker 增强现实应用程序为阳光爱好者提供家居购物体验。

超视也可以帮助人们重新想象外面的世界：新的道路照明和颜色更暗的墙板，或者学校前的安全自行车道。帮助人们在真实环境中可视化城市的变化对社区和城镇来说是一项巨大的沟通挑战。镇政府开会审查建设自行车道等有价值的提议时，经常会将其否决，因为人们无法想象其效果，因此会犹豫不决。新建筑或公园景观的静态效果图无法传达现实中漫步其中的感受，就像一英寸见方的油漆样块无法看出整面芥末色墙面多么糟糕一样。只要你有智能手机摄像头，超视就可以在真实情景中将这些情况可视化。

用眼睛购买一切

超视带来的更好的可视化效果让购物变得更即时、更诱人。尽管我们已经可以在网站上通过点击鼠标匆忙做出购物决策，也越来越倾向于在 Instagram 和其他社交应用程序中进行购物，但是有了超视的话，我们盯着一件商品看上一会儿就是表示我们有兴趣及“喜欢”，眨眼和点头就可以完成购买。

我们时时刻刻都会遇到一些能激发灵感的事物：电视上名人穿的衣服和配饰，烹饪或家居维修节目中使用的工具，俱乐部里的椅子，酒店浴室里的固定设施，大堂里的画作，东京旅途中潮流人士从我们身边走过时穿的鞋子。我们如何将感兴趣的物体同它们的来源进行超链接，以使我们也可以拥有自己在线上线下看到的想要的东西？

正如我在引言中所描述的，我对这个问题很感兴趣，因此我成立了一家公司来解决这个问题。2015 年，网络照片分享呈爆炸式增长，仅在 Facebook 上，人们每天就能发布 3 亿张照片。与此同时，学术界的计算机视觉算法能力越来越强、性能越来越完善，云计算成本下降，种子期的初创企业也可以设想在这些图像中筛选出有意思的信号。我们能够训练系统对照片中所有特定项目进行识别，然后通过叠加链接来标注它们的来源吗？我与之前媒体实验室的学生乔舒亚·瓦克曼合作，他在 10 多年前创建了一家名为 WatchPoint 的公司，允许观众选择并保存他们在电视上看到的产品。我还与企业家、MIT 人工智能实验室的奇才尼尔·梅尔合作，开始了这项实验。

我们对购物的未来的大胆预测是，人们发现产品的途径不再主要集中在商品目录或商店里，而是通过留意朋友或名人所穿、所吃和所用。比如，一个高中时期的朋友上传了一张自己背着橙色背包滑雪的照片，你非常喜欢这个背包。我们的目标是将照片中的事物，比如背包、滑雪板、太阳镜，与它们的出处或来源链接起来，然后用户可以了解更多、添加书签，甚至做出购买决策。

我们称上述服务为“社交购物”服务，因其向社交媒体照片网站 Ditto 添加链接，这可以让你快速跟上朋友的选择。然后是艰难的部分：尝试给 Facebook 照片中的每一个物体和每一项体验贴上标签。我们从耐克、阿迪达斯和北面等品牌标志及 Vera Bradley 和古驰等文字图符开始，通过数百台云服务器将大量的照片送入人工神经网络。为了与时俱进，我们每月需支付 3 万多美元的计算费用。

使 Ditto 可以实现社交购物的主要突破是一种叫作场景分割的视觉技术。最初，我们只能在标识和对象上添加可链接的边框。通过场景分割技术，我们可以准确地发现照片或视频中的哪些像素被哪些对象占据着（见图 3-9）。

图 3-9　使视野中的所有内容都可以被处理的场景分割技术

这打开了新的交互范式，你可以“点击”框中的任何对象。它的最大特点就是能够将网页上的单词转换成可以了解更多信息的超链接，这让用户能够拥有了解视野所见任何物体的信息的能力，确实令人震惊。有了 Ditto，你不仅可以点击标记物品或购买类似的物品，还可以使用特定命令对图像中的每一个物品进行操作。了解选项（Learn）可以链接到该对象的百科条目。出发选项（Go）提供地图导航（或谷歌旅行上的航班信息）。观看选项（Watch）可以在视频平台中找到该事物，并制作动画。捐赠选项（Donate）可以对公园或世界自然基金会进行捐赠。浏览选项（Browse）会把你转到 eBay、亚马逊或当地产品销售商的电子商务链接，你可能会在这儿购买这件商品。

对于重塑零售业的前景，我们充满执着，这份执着引领我们创办了 Ditto，但我们的视野也在日益拓展。计算机视觉加上场景分割技术给我们带来了一种与世界交流的新方式。用手指向手机，并能够链接到服务，这是搜索引擎的一种新的视觉形式。我们的想法越来越天马行空，并开启了新的业务。

Ditto 并不是一个独立的应用程序，它可以嵌入 Facebook 内部，因为 Facebook 里已有照片共享的功能。我们与福克斯体育频道合作了一个项目，内容是训练系统识别各大联盟里的运动品牌，这样我们就可以识别用户的朋友佩戴的球队标志，然后叠加链接，通过获得自己的粉丝装备或购买下一场比赛门票来呼应朋友的热情。

逐渐地，我们增添了能够识别那些表明生活乐趣的事物的能力，比如雪地摩托、皮卡车、狗和露营装备。之后，我们用数以千计的环境来训练这个程序，让 Ditto 不仅能识别照片的内容，还能识别拍摄的地点。室内还是室外？在咖啡馆、酒吧、大教堂还是酒店大堂？

在与一些广告公司会面后，我们意识到 Ditto 还有一个没有考虑到的价值：

将客户分析反馈给品牌。哪些人群穿着他们的产品，喝着他们的啤酒，或者住着他们的酒店？人们是何时、何地、以何种方式使用这些产品和服务的？例如，酒类品牌对人们混合使用产品的方式特别感兴趣。姜汁啤酒现在还流行吗？石榴汁风潮消亡了吗？我们开始与红牛、雅诗兰黛、凯迪拉克及其他品牌开展合作，这些品牌对世界上使用其产品的顾客群体、何时及如何使用其产品感兴趣。

我们的公司日益成熟，技术也日益成熟，客户找到我们，要求创建自定义分类器，这是我之前没有想到的！一个公共卫生智库想测量美国各城市的吸烟情况及吸烟行为，这些行为会在有地理标记的社交媒体照片中显示。你会惊讶有这么多人自豪地公开发布他们的文身照片，包括帮派成员的标记。一家国际美容产品公司找到我们，带着他们对发型的分类（直发、大波浪、半卷发……）和数百个发型训练数据样例，我们用这些数据创建了人工神经网络来推荐他们的护发产品。现在，雅诗兰黛、丝芙兰、倩碧和科颜氏也正在训练人工神经网络，根据皮肤色调、眼睛颜色、气色、推断的年龄、颧骨突出程度等销售各类美容产品。

我们在 2017 年将 Ditto 卖给了另一家视觉搜索公司 Slyce，该公司现在为汽配公司 Napa、家居用品公司 Bed Bath & Beyond、家得宝、休闲品牌汤米·希尔费格等公司的电子商务网站提供支持。顾客只要拍一张照片就能找到匹配的汽车零件、家居用品或服装。速度比打字还快，即使你不知道消声器、水龙头、栅栏的名字，也不影响。

作为企业家，计算机视觉浪潮的速度比我目睹的任何赋能技术都更快。通常情况下，从像 MIT 这样强大的学术环境中走出后创业，公司失败的原因不是因为你没有看清未来，也不是因为你的工程不够完善，而是因为你错误地判断了市场时机。时间过早意味着，市场对新技术的采用所需的时间比你预测的多了几年或几十年。对于计算机视觉来说，Ditto 一开始是时机未到，然后很遗憾，又错过了时机。到 2017 年年中，微软、亚马逊和谷歌等所有提供云服务的大型公司都在疯狂地招聘博士、培训常见数据挖掘分类算法，并以机器学习为诱饵，让大公司“锁定”企业云关系。Facebook 的主要吸引力在于监视所谓的朋友，谷歌的 LENS 功能实现了我们为视觉搜索而构建的大部分功能。即使在今天，我们仍然没有自动向 Facebook、Twitter、Snap 和抖音国际版添加元数据。Instagram 确实允许品牌在照片中手动插入购物点（见图 3–10），但我们对无缝社交购物未来的愿景尚未实现。

图 3–10　带有电子商务点的照片

注：Ditto 同款镜框。沃比帕克的联合创始人在 Instagram 上发布了这张带有电子商务点的照片，这样粉丝就可以点击购买同款眼镜了。

一旦如我预期，社交购物被内置到智能眼镜中，它将不仅仅需要为每位购物者的硬件和5G带宽成本提供补贴——令人讨厌的快乐水车[①]，我们来征服你了！

① 指随着收入增长，人们却没有变得更快乐。——编者注

SUPER
SIGHT

第二部分

智能化生活、亲历式学习、游戏化职场，共同开启组织的新纪元

部分导读

SUPER SIGHT

计算机视觉的影响不仅仅涉及个人和个性化互动。超视誓要变革经济中的重要行业，如食品行业；提高协作和学习机会，同时提高效率和效能；并在工作中开启新的“游戏化”时代。它还将进一步模糊个人空间、时间与职业生活之间的界限。机器视觉是能像得力的助手一样更安全地、让人安心地协助我们的工作，还是时刻准备将人类踢出局？本书的第二部分将提出大型系统所面临的关于透明度、偏见和公平的重要问题。

04 从食材到食物，智能生活的未来

厨房里有家里最昂贵的工具和技术含量较高的“家具”，每天我们都会在厨房中投入大量的时间和精力。我们规划菜单、购买食材、切片、切丁、烹饪，直到上菜。这种种程序常常要花上数小时，而与之不对应的是，短短的几分钟内，我们的烹饪作品就会变为一片狼藉，且很快会被遗忘。

可以肯定的是，在很多日子里，烹饪过程中的许多环节会给我们带来快乐的享受。做饭的过程既带来了多重感官的体验，也带来了社交体验，其中还夹杂着传统、学习体验和怀旧情感。未来理想的情况应是强化烹饪可取的方面，简化其中烦琐的工作，如洗碗。

幸运的是，超视使我们有了美梦成真的机会。

早在 20 世纪中叶，烹饪就出现了自动化的萌芽。简单易用的功能，如“只需加水”和神奇的微波炉，将家庭主妇们从厨房里解放出来，让她们有了更多的时间可以与家人一起坐在餐桌旁或电视机前享用新奇的电视便餐（见图 4–1）。

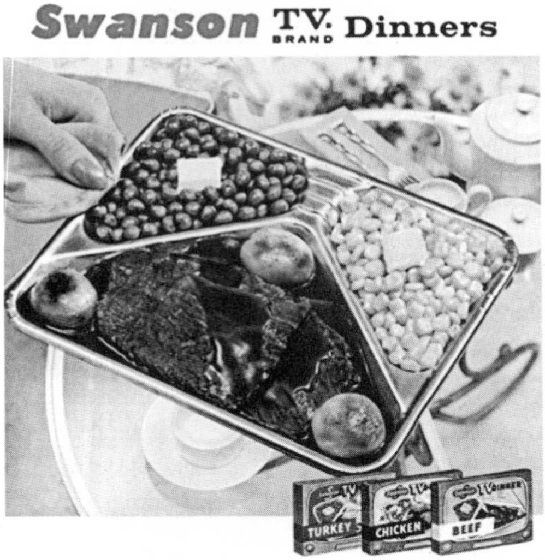
Swanson T.V. BRAND Dinners
TURKEY
CHICKEN
BEEF

图 4-1　美国 20 世纪 50 年代的电视便餐

注：20 世纪 50 年代，电视便餐席卷了美国人的客厅，却把食物变得过度自动化、同质化。在广播公司广告资助的商业模式下，电视便餐牺牲了美食应有的味道。

共享餐单与厨房清洁机器人

这并不是许多人所期待的那种人人参与的乌托邦式家务劳动的未来，但是超视也许能够帮助我们协调自己与食物之间的关系，使之朝着更健康的方向发展，而不至于走向科幻小说中自动化的极端模式，如代餐药片。家务活几乎比我们在家里做任何事情都要消耗金钱和时间，计算机视觉和机器人技术可以提供选择性的帮助。想象一下，超视可以为晚餐提供如下帮助：

- **用餐规划：**你可以根据在 Instagram 上看到的照片或是在餐馆拍摄的

照片，决定吃什么。计算机视觉将扫描图像、查找食谱，并记录基本的热量。或者，你还可以从熟人的晚餐中寻找灵感。Spotify 音乐播放器最有趣的功能之一是能够收听朋友们的播放列表，让朋友圈引导你的播放选择。今晚有 1 000 种食物可以让你享受到用餐的乐趣，那么为什么不借鉴你姐姐昨天的餐单从容地做出自己的选择呢？

- **购买或种植食材：**与其通过杂货店购买新鲜农产品，不如在家自己种植。具备计算机视觉功能的摄像头会照看你家的室内植物墙，给屋顶或窗外的园圃施肥，或者在真正的院子里施肥。对于无法在家种植的农产品，漫游于杂货店的购物机器会配备全光谱视觉，它们能够预测成熟度，并选择最佳成熟度的食物——再也不会买到不熟的牛油果了。
- **备餐：**每个人都有不同的饮食忌讳和偏好，为一桌人精心安排一餐很复杂，需要将顺序、时间等因素考虑在内。视觉增强技术将引导你游刃有余地应对这些问题。同样的系统还将助你少犯错误，例如烧坏东西或割破手指。
- **摆盘：**摆盘会成为高雅的艺术，当然也会更方便分享。你将可以访问到更多的参考设计、投影模板，并能将烹饪作品自动分享到你的展示菜单中。
- **就餐：**由于食物历史悠久、内容丰富，用餐体验可能并不局限于其实用性，而会转变为一种社交和学习仪式。超视将展现食物的起源、历史背景、家庭故事、营养信息，也会推荐相关的对话主题。
- **清洁：**安装在厨房天花板上的计算机视觉机器人会在你享受晚餐的同时，妥善地完成清洗工作，为你节省时间，使你可以更好地和家人、朋友享受用餐时光。食物浪费现象也会减少，因为机器人很高效，它们或打包剩菜留作第二天的午餐，或储存剩余食材以备日后做饭使用。

超视烹饪辅助设备还将满足我们对新奇食物和多样化食物的本能渴望。正如我们的音乐品位会随着访问服务和推荐服务的完善快速提升一样，我们的饮食模式也是如此。对食物多样化的渴望、用餐计划、预测型购物和本地种植等因素将与配餐包订购和餐厅送货服务有趣地结合起来。

过去的几年里，烹饪时选择食材送货上门几乎和订购外卖一样受欢迎，但是Plated、Blue Apron 和 Sun Basket 等配餐平台存在的一个巨大问题就是如何避免浪费现象。由于橱柜里没有摄像头监控，这些配送服务会向你发送食谱中所需的每一种配料。他们的操作基于如下假设，你刚刚搬入新家，橱柜空空如也，否则他们为什么打包配送一人份的两汤匙酱油？超视将通过安装在橱柜门和冰箱内的摄像头帮助监控储藏室的存货情况，然后将这些信息发送给配餐服务平台。计算机视觉系统会识别出已经储备了百里香、香料和鸡蛋，不需要额外再配送以免造成浪费，同时也会计算汇总下个月的配料用量，预测下个月的糙米用量及制作时髦的三文鱼波奇饭时所需的材料。厨房摄像头还会跟踪家里的种植墙，观测刚刚发芽的雪豌豆、逐渐成熟的多汁辣椒。配餐服务平台也会将来自家庭种植的食材考虑在内，所以家庭餐单也会基于家庭农产品的成熟高峰期而定。西葫芦、天然番茄、罗勒沙拉，欢迎光临！服务平台所需要做的就是在番茄达到成熟期的那段时间给你送一些甜玉米和布拉塔奶酪等。

超视还将帮助我们解决厨房的另一个遗留问题：食物残留。你再也不用时刻操心伴侣前一天是否买了足够多的黄油，以确定自己还需不需要另外购买，你的冰箱会告诉你一切，甚至在需要的时候自动补货。摄像机会跟踪记录牛奶变质的时间，也会在羽衣甘蓝变蔫之前将沙拉添加到今日餐单中。此外，算法可以根据保鲜抽屉里的存货及未来几天需要消耗掉的食材，安排朋友来家里聚餐。只有土豆和茄子，即使是大厨也做不出几个菜，但如果加上邻居冰箱里的食材，就能做出一顿丰盛的晚餐。与人聚餐的借口不过是额外的加分项而已。

前几章集中讨论了超视通过镜头和手机屏幕向我们展示的内容。本章中，我们将深入探讨安装了摄像头的厨房是如何使一切变得皆有可能的。食品供应链上的摄像头如何通过观察水果来预测成熟度？机械手在清空洗碗机时怎么知道如何拿起酒杯？你的垃圾桶怎么识别香蕉皮？

首先，我要先来介绍几位机器人厨师。

完美制作汉堡：不戴发套的机器人厨师

一天下午，我在加利福尼亚州的帕萨迪纳市，非常想吃汉堡。我走过一家卡利堡餐厅，点了一份双层堡：两片牛肉饼，上面盖有美式奶酪、鲜红欲滴的番茄，以及脆嫩的卷心生菜。趁热准备咬下第一口时，我望见了柜台后面的场景。在烤架旁边的不是人类，这种东西看起来应该待在特斯拉生产线上焊接钢铁或铆接汽车面板。一只金属手臂随意地翻转肉饼，很酷，而另一只手正从沸腾的滚油中取出红薯华夫薯条。

这款机器人叫 Flippy，它使用计算机视觉来确定在何时何处用铲子铲起肉饼或蔬菜替代物，然后精准地将其放在面包片上。同时它还承担着一项人类不想做的工作：从烤架上刮掉烧焦的汉堡残渣。

我一边嚼一边想：Flippy 是否算是食品服务进步甚至人类进步的先进代表，还是说这种汉堡工艺自动化得过于明显，过于进步了？虽然机器人没有戴发套，也不洗手，但很庆幸我的汉堡仍然可能比普通快餐店的要干净……而且，由于 Flippy 可以通过完整的紫外光谱和红外光谱确定肉的温度，它全天都能煎出完美的三分熟汉堡，而且顾客出现食物中毒的概率也更小。

出于对 Flippy 工作表现的好奇，我询问了它的人类经理。“它比人工要快一点儿，出错也少”，烤架刷得“任何人工都比不上”。Flippy 既不会顶嘴也不会抱怨，不需要医疗保险也不需要带薪休假，而且从不在汉堡上打喷嚏。对于其他厨房工人而言，Flippy 还提升了厨房的安全性，不再会被烤架烫伤或炸锅里的油烧伤。

Flippy 代表的是所有餐馆的未来，而不仅仅是汉堡店。在亚洲，机器人厨师和服务员开始从噱头走向新常态。阿兰娜·塞缪尔斯（Alana Semuels）在《大西洋月刊》的专题文章中写到这样一家日本餐厅：

> 这位“主厨”名叫安德鲁，名字听上去很奇怪。它专门做大阪烧——一款日式煎饼。它用两只长长的手臂在金属碗里搅拌好面糊后，将其倒在烧热的烤架上。等着面糊煎制的时候，它会用日语愉快地谈论它有多喜爱自己的工作。旁边，它的机器人同事们有的炸甜甜圈，有的将冰激凌一层一层地装入蛋筒，有的搅拌饮料。其中一位给我做了一杯加奎宁水的杜松子酒。

我家乡的 Spyce 餐厅是一家采用机器人制作各种美味食物的餐厅，美食包括“梅萨”（Mesa），配料有藜麦、南瓜摩尔酱、黑豆、烤西兰花、青柠红衣甘蓝、科蒂亚奶酪、玉米波布拉诺辣椒酱、香辣南瓜子及辣味波特贝罗香肠。法国米其林星级厨师丹尼尔·布鲁德（Daniel Boulud）帮助制作了菜单，美国国家卫生基金会对餐厅的清洁度进行了认证，Spyce 称餐厅的饭菜可以在 3 分钟或更短时间内完成。

在巴黎的 EKIM 餐厅，一个名为 Pazzi 的三臂机器人可以在不到 5 分钟的时间内制作完成一个比萨。说到比萨，总部位于西雅图的初创公司 Picnic 开发了一种机器，可以在一小时内制作 300 个比萨。只要输入指令，在储藏室的箱子里放上碎芝士和意大利辣香肠块，计算机视觉系统就会确定比萨的尺寸，并开始规划合适的配料。

关键就在于计算机视觉技术的赋能。任何想要找到物美价廉牛油果的顾客都会告诉你，大多数农产品的形状和大小差异很大。你厨房里的产品的形状和大小也有很大的差异。你不可能仅仅编写洋葱切丁的算法或是“在三文鱼煎黄时旋转180度的算法”，机器人需要能够“看到”自己在制作什么，这样它就知道发酵的面团是否需要在烤箱里再放5分钟，或者蛋糕面糊是否需要再加入1/4杯牛奶。

在未来的几年里，经济力量和消费者对餐馆和酒吧里机器人精彩表演的渴望，将催生出一大批制作食物的机器人，其先进程度将远远超过Flippy。像铁板烧厨师，它们会超级协调地在空中投掷米饭，同时用8条胳膊敲鸡蛋。漫步到你家附近的小酒馆，你会看到四肢细长的机器人调酒师借助灵巧的天赋让顾客眼花缭乱，倒酒水平堪比当今最优秀的人类调酒师。

机器人厨师不仅能够制作汉堡，还可以烹饪复杂的高端菜肴，精确度也是人类无法比拟的，此外，也没有人类厨师的傲慢态度。机器人厨师能够一边为患麦胶性肠病的顾客更换无麸质杏仁粉，一边添加半茶匙的发酵粉来帮助松饼发酵，同时还能掌握烹饪化学的其他微妙之处。

计算机视觉也在餐饮体验中发挥着作用。在卡利堡餐厅点餐可面部扫描，之后程序会让你登录会员计划，并呈现出首选项，方便你快速点餐。卡利堡甚至还可以通过面部识别买单。在亚洲，机器人迎宾员和服务生变得越来越普遍，尽管目前仍是新奇性高于效率。早在2014年，中国合肥就开设了一家以机器人瓦力[①]为主题的美食馆，轮式机器人通过磁道给客人端上面条。此后，技术取得了进步：Bear Robotics公司在韩国必胜客测试了一款服务机器人，该机器人可以穿

① 科幻动画电影《机器人总动员》中的清扫型机器人。——编者注

过餐厅为顾客送餐，然后清理桌子。上海更是出现了一家无人肯德基餐厅。

因为这些机器人连接到了互联网并且了解每一位消费者，因此它们最终会制作完全符合顾客口味和饮食要求的食物。是否需要告诉厨师你对花生过敏？你的医生最近是否推荐了低钠饮食？有 5% ～ 15% 的人讨厌香菜（这是基因问题，千真万确），你是不是其中之一？餐厅工作人员，包括人类员工和机器人员工，能够从个人资料中看到这一点——最终可能会接入你的医疗记录，并撒上身体所需的精确用量的海盐。

然后是配送问题。现在按需点餐应用程序激增，许多餐馆的主要收入来源于实体店之外。因此，也诞生了一个新的名词——幽灵厨房，它指的是接受网上预订、集中准备食物但实际上并不接待食客的厨房。我们不再需要高中生开着父母的马自达给你送比萨，或者用自行车配送你的炒面，机器人将接管一切。从机器人配送公司 Starship Technologies 到亚马逊，许多公司都在试验人行道送货机器人，它们可以把饭菜直接送到你家门口。

目前，大约 400 万美国人在快餐行业工作。很多工作可以由真正意义的钢铁厨师自动化完成，这可能会比我们想象的更快：百胜餐饮集团前首席执行官格雷格·克里德（Greg Creed）曾表示，到 21 世纪 20 年代中期，机器人可能会造成快餐业劳动力需求的减少。该集团拥有肯德基、必胜客和塔可钟等连锁品牌。麦肯锡 2017 年的一份报告估计，餐馆员工完成的任务中有一半以上可以通过现有技术实现自动化，这已经是几年前的事了。

你只需要认识到还有越来越多有文身的咖啡师在手工咖啡店里做着意式浓缩咖啡，你就知道服务行业的未来只会实现有选择性的自动化，个人技艺和人际互动仍举足轻重。具有计算机视觉功能的机器人将使某些工作的某些方面自动化，就像洗碗机和搅拌机服务于上一代厨师那样，为厨师留出了更多的时间和空间进行定制服务和工艺完善。

我曾问美食作家兼烹饪图书作者埃米·特拉韦尔索（Amy Traverso），烹饪中最令人满意的部分是什么。她回答说："烹饪可以带来多重感官体验！看到热气腾腾的肉桂面包上淋着的糖浆，这样的时刻我永远难以忘怀。"把肉炒至金黄色或是从零开始准备一道炖菜，其中收获的精神满足感是金宝汤罐头无法比拟的。在更深层意义上，我们其实在主观上很享受这些时刻所带来的滋养。特拉韦尔索说："如果为20位客人准备开胃菜意式烤面包，或是对于假日饼干生产线或罐装等重复性任务，我们可以欣然接受自动化。但我还希望可以观赏到机器人厨师包意大利饺子，或者把糖浆装饰绲边涂在婚礼蛋糕上！"

有了超视的指导，人们在烹饪时会变得更加自信，烹饪的目的也不再局限于填饱肚子，更多的是为了个性化的表达。我们必须承认，在这个过程中，厨房可能会变得有点凌乱，但令人庆幸的是，配有超视的机器人可以帮助解决这些问题。

厨房的另一双手：感知设备

我们逐渐开始享受到餐厅机器人厨师的好处，技术的涓滴效应也不可避免，烹饪机器人将走进千家万户。

20世纪20年代，现代主义建筑师勒·柯布西耶（Le Corbusier）写下一句名言："住宅是供居住的机器。"计算机具备观看、触摸甚至品尝等功能，依据这些功能对厨房进行改造，那么柯布西耶的愿景将从哲学思想变成其字面意思。安装在水槽、炉子或冰箱附近的机械臂可以看守厨房，也可以灵巧地搭配并烹饪大部分食物。不过，为了避免弄坏精美的陶器或不小心把红甜椒粉误认为红辣椒粉，它们必须启用计算机视觉。

市面上已经出现了厨房机器人，但是没有配备超视。2015 年德国汉诺威工业博览会的机器人博览会上，莫利机器人公司公布了号称世界首位的机器人厨师。机器人“莫利”的不可思议之处在于其独立的机械臂可以模仿人类的动作：根据真实厨房里的厨师镜头进行训练，所以它实际上只是在模仿人类厨师的动作（见图 4–2）。这种方法只适用于交易会上的短期演示，因为没有视觉和触觉，这种方法的效用是禁不起考验的。只要一不小心把盐撞到右边，它就再也找不到盐了。我希望能给莫利配备它所需要的眼睛。

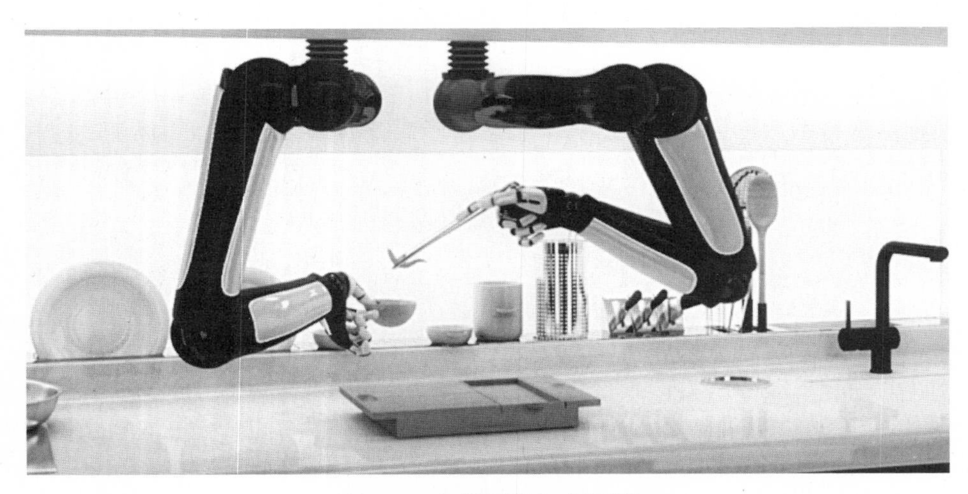

图 4–2　备餐机器人“莫利”

注：备餐机器人“莫利”的双手高度模仿人手，经过训练可以模仿人类厨师的精确动作。

不仅是机械臂和机械助手会变得更加智能，我们现有的家用电器也会变得更加智能。我希望我的烤箱能明白我在烹饪什么；我希望烤箱能够检查熔化的巧克力馅饼，确保馅饼的馅是软的，而外皮是酥脆的；我的微波炉应该知道燕麦粥会煮沸溢出、鸡蛋可能会爆炸，这样它就可以帮我清理现场，缓解我的失望情绪；我的通风口应该向下看着锅，自动打开，自动关闭，及时吸走烤三文鱼的烟雾；我的搅拌机应该把奶昔搅拌至完美程度，大块被切碎，但又不至于过于光滑；还有我的烤面包机……

很快，预计所有厨房电器制造商——不仅仅是像米勤、博世和 Gaggen 这样的高端品牌，都将推出支持超视的硬件产品和基于云技术的软件订阅服务来与之匹配。云端数据中心将处理烘烤英国松饼的实时图像，并学习如何做出最佳反应。你的烤面包机应该通过智能语音助手 Alexa 低声发出信号：你的百吉饼快要变成油炸面包丁了？还是应该震动烤箱的顶灯？或是关掉设备？

市面上已经出现的此类产品，其中之一就是 June 智能烤箱（见图 4–3）。

图 4–3　June，首款内置观察饼干的摄像头的烤箱

问：如何让人们花费 2 000 美元购买价值 200 美元的吐司烤箱？

答：添加连接互联网的摄像头。

我很欣赏这种做法，是因为简单的连接互联网的摄像头为任意一台烤箱增加了巨大的净值。这种烤箱不会烤坏羽衣甘蓝或饼干，一旦你体验到烤箱的这种用途，还能想象回到厨房电器没有摄像头的生活吗？随着越来越多的超视产品进入市场，同样的溢价状况将不再出现。不久，人们就会发现为 5 美元的摄像头和 Wi-Fi 芯片多付 1 800 美元的价格不再合理。

我们看食谱的方式也会因超视而发生改变。谷歌、亚马逊和 Facebook 已经发布了带有食谱应用程序的台面设备，这些应用程序可以检查食材、设置计时器和自动翻阅食谱，这样你的屏幕就不会被黄油指纹涂抹。下一代设备会摒弃触摸屏，取而代之的是，食谱将投射在台面和操作台上，上面的内容以配料清单开头。食谱中限定用量的食材将被发送到量杯和量碗中进行测量。说明会出现在我们需要的地方，例如砧板上。计时器会出现在正在制作的东西上或烤箱门上，摆盘设计的模板将完善展示效果。

餐桌上继续进行着“食物－体验”的反馈循环。桌子上会装有自上而下的摄像头，可以监测到伴侣品尝第一口时的表情。如果她表现得很开心，那么用餐计划算法就会保存这个食谱及确定明天准备的内容。如果她因为青柠派中橘皮使用过多而皱起眉头，厨房智能系统会建议对其他甜点食谱的橘皮用量进行调整。

人们对家用机器人的看法常常会有两个误区。第一个误区是认为机器人必须可以走动，在家里转来转去。其实，它们不需要像喜剧科幻动画《杰森一家》（*The Jetsons*）中的保姆机器人罗西，或是像电话会议中的平板电脑一样时时跟着你。毕竟，每天晚上，你家的水槽不会突然更换位置。机器人不需要移动，只要不挡你的路就好。

第二个误区就是想象人类和机器人可以一起烹饪，彼此都很享受。如果你的机器人功能足够强大，强大到可以做任何有用的事情，那么想让它们不伤害你就变得非常具有挑战性了，因为它们可能会误把你当作大蒜。特别是让它们操纵锋利的工具或任何比袜子木偶更重的东西时，更是如此。最好的解决办法还是遵循那句老话，厨师过多烧坏汤。让机器人能够独立、安全、按照自己的节奏工作吧。图 4-4 展示了博世公司用以推广 LightDrive AR 技术的烹饪概念视频。

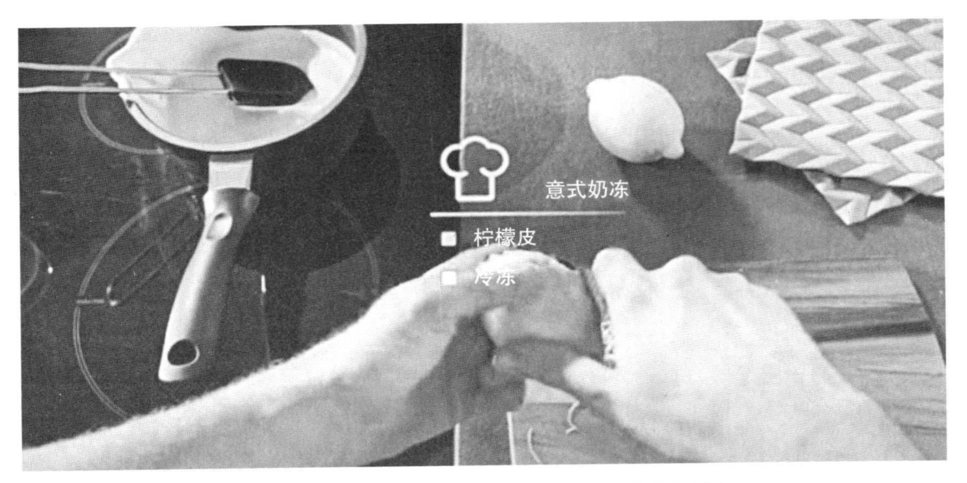

图 4-4　博世公司的 LightDrive AR 烹饪视频

智能厨房帮你做好饭后，为什么不把清洁工作也委托给自动程序呢？最佳清洁机器人可能需要被固定在天花板上而不是可以自由行动，不工作时也可以伪装成华丽的吊灯。它可以在空中展开，给洗碗机装满水，给柜台消毒，把干净的锅碗瓢盆送回固定的位置，甚至可以给植物浇水。

因为你不想机械臂摆来摆去的时候孩子或是宠物待在旁边，所以大部分的工作应该在厨房无人时完成。厨房的机械臂将通过超视感知房间里是否有人，并在人们吃完火锅后进行深度清洁。因为看到机器人替你完成工作会带来一定的快感，所以在你早上下来吃早饭的时候，可以通过时间设定让机器人刚好做好早饭（见图 4–5）。

图 4–5　一个设想中的多功能机器人

注：设想一个可以给洗碗机注水、清空洗碗机、清洁厨房，并从房间多个锚点照看种植墙的屋顶机器人。

像人类厨房这样的非结构化环境代表了机器人研究领域的下一个前沿。每个家庭厨房布局都不一样，想想在新朋友的家里，你要打开多少橱柜才能找到咖啡杯。厨房环境也问题重重，因为机器人需要记住如何不把娇贵的天然番茄挤烂、不做蛋卷时也不需要打裂鸡蛋。任何与自然世界互动的机器人都面临着固有的不确定性，即物体会对触摸做出不确定的反应，即使是清醒的人类也会打破酒杯的杯脚。

超视系统不仅必须能够识别它所需要的物体并确定互动方式，同时还必须知道物归原位。如果每次回家时发现银器都放置在不同的地方，你的心情会特别烦燥。最佳清洁员工会拍摄下干净整洁的室内景象，这样他们就可以在狂野派对之后把东西放到正确的地方，清洁机器人也会采用同样的方式，但是它可能还会根据你最近使用东西的频率提出厨房存储的优化建议。

如果可以永远不用清理桌子、不用洗碗，也不用清理洗碗机，你愿意支付多少钱？如果每餐 5 美元，或者 15 美元，那么乘以 365 天再乘以 10 年的结果听起来合理吗？对于大多数家庭来说，预付 54 750 美元是一笔很大的费用，但租赁或按消耗品付费的模式（参考剃须刀 + 刀片、牙刷 + 刷毛、Kindle+ 书籍等模式）将会使成本分散，支付起来就没那么痛苦了。或许，宝洁公司的清洁机器人只会使用本公司某种品牌的昂贵肥皂，同时公司补贴资金成本，以锁定更长期的、带来更多利润的消耗品消费人群。消耗品公司可与耐用品制造商开展新的合作。惠而浦超视机器人倾向于选择 Brawny 和汰渍品牌，订购这些产品将计入家庭清洁服务的费用。

厨房清洁机器人是否有任何反乌托邦式的缺点？如果有的话，会很难发现。如果聚餐后不需要清理打扫，我们可能会更经常地邀人共享晚餐，应对忌口问题、口味偏好问题及预测分量问题也会变得更加轻松。这样，烹饪不会花费很多时间，更多的时间可以用来进行团建和交谈。这些晚宴上，除了食物，也可以有更多的时间沉浸于其他的享受中，包括教育、故事、音乐、冥想等。

很难想象使用新型家用行动工具的后果。20 世纪 40 年代，洗衣机和真空吸尘器发明后，未来学家预测像阅读和巴棋戏[①]这样的休闲活动将会增加。相反，我们却得花同样多的时间打扫卫生，因为我们的卫生标准在飙升。20 世纪 70 年代，电视便餐和微波炉的到来预示着未来的世界中，我们可能根本不需要

① 一种用骰子和筹码在棋盘上玩的游戏。——编者注

厨房：每人配备一台冰箱和微波炉，电视托盘旁放一个巨型垃圾桶，人们就会心满意足、大饱口福。超出所有人的预料，厨房在家庭中的位置仍举足轻重，我们 90% 的饭都在厨房做着吃，我们也在家里和朋友聚会。

本章讨论过，超视将指导和教会我们如何在制作食物时更有效率和更有表现力。在厨房自动化的过程中，机器人承担的主要是不受欢迎的工作——清洁。在饮食业未来发展的趋势中，机器人技术将发挥重要的作用：在家里种植和收获食物。这就要求机器人更有耐心，更加勤奋，因为这些特质大多数人类都不具备，也不愿具备。

居家种植：种植食材包、无限耐心的观察

小时候家里有花园，我享受过种植的乐趣：每年夏天可以吃上自己种的生菜和瑞士甜菜，八月吃新鲜的西红柿和罗勒三明治，初秋吃笋瓜、喝南瓜汤。种植和收获，不管多大规模，都能获得自豪感，也会理解从商店购买的食材背后的辛劳，同时也能收获最新鲜的农产品。

我在 MIT 工作时，曾遇到过一位同时也兼职园丁的厨师，她热衷于将这种体验带到每个家庭。她就是 SproutsIO 公司的首席执行官珍妮·布廷。她的公司生产家庭式气雾栽培花盆，使用计算机视觉来确保最佳的生长条件。盒子内的摄像头只有一项任务：每小时都给生菜叶或任何碰巧长出来的东西拍一张照片。设备再将这些照片上传到云端，算法将它们与其他花盆中拍摄的理想生长照片进行比较。根据这些数据，设备会调整光照强度、光色、营养组合和其他变量，确保植物拥有理想的生长条件。

在人工智能的帮助下，技术可以优化每种植物的生长环境。现在可以居家种植粮食，兼具持续性与可靠性。

珍妮·布廷
SproutsIO 首席执行官

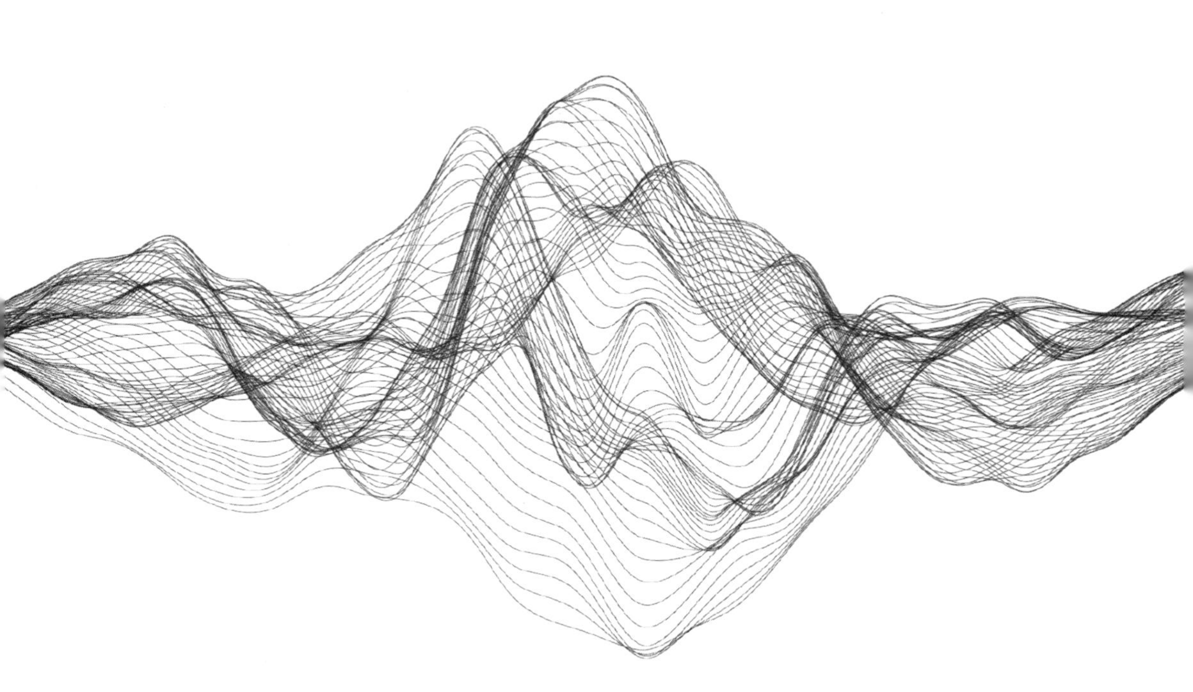

图 4-6　种植平台 SproutsIO 系统全天候照看你的蔬菜

正是有了像 SproutsIO 这样的系统（见图 4-6），我们平时用到的许多蔬菜和草本植物都可以在家里种植了，不再需要从全国各地陆运或空运过来。我们能够选择需要的食物及食用它们的时间，这将变革农业及超市和餐饮业。越来越多的人希望在离家更近的地方种植食物，同时也希望在离家出游归来之时不会看到一大堆枯萎的芹菜。我们将发现更多委托照看的机会。

另一家公司 Grow Computer 正在使用人工智能眼睛来照看蔬菜，人工智能眼睛耐心十足。家住纽约的丹・纳尔逊（Dan Nelson）在计划蜜月之时，灵感袭来。他花了几年时间来真正了解家庭园艺，并在位于布鲁克林公园坡（Park Slope）的家中开发了一个绝佳的装置。他用种子培育了许多蔬菜，倾注了无限爱心——但在他度假的 17 天里，他的植物宝宝们怎么处理？

纳尔逊尝试去完善现有的一些系统，包括失败的自制重力灌溉平台，但是没能成功找到一个可远程操控且可信赖的平台。他想要远程观察自己的植物，了解土壤中的水分水平，知道空气的湿度。他希望能够根据数据显示的情况调整自动浇水频率。他花了 4 年时间完善这个系统，终于成就了现在的系统版本，后者可以适应其他人各种不同的需求，包括浇水、温度和光照控制及移栽和收获。

一些公司试图将自动化家庭系统扩大到农场规模。Iron Ox 公司将计算机视觉应用于定制仓库中的水培生长系统，机器人可以处理各类问题，包括播种、照看植物健康及收获作物。生长环境经过精心调节和控制，植物可以避免经历酷热和严寒，酷热和严寒会破坏像生菜这样娇嫩的作物。像 Iron Ox 这样的自动化农业系统不仅可以解决农场种植作物的内容，而且可以决定农场的位置。因为机器人食品种植仓库可以在任何地方建立，那么为了确保农产品新鲜、减少运输时间、降低成本和减少浪费现象，为什么不把它们放在人口密集区或者至少是杂货配送中心呢？

超视现在也可被用于农业环境中，不仅可以完善数十个家庭种植的西红柿或是装满机器人种植作物的仓库，还可应用于数十万块农田。其中一个主要的应用是对植物进行个性化用药。之前，作物喷雾器需要用同样的营养液或杀虫剂对整片农田进行集中喷洒，但现在，这些大型喷洒车上的计算机视觉摄像头可以评估每棵植物的健康状况，并为其喷洒相应的药液。如果超视发现作物生病或虫害的迹象，也会及时提醒农民，同时将病虫害扼杀在萌芽状态。这意味着杀虫剂用得更少，作物更健康，农民也更满意。

约翰迪尔公司（John Deere）是农机领域的领导者，该公司的喷灌机 See & Spray Select 通过超视能够区分拖拉机下面的作物与杂草，从而减少杀虫剂的使用（见图 4-7）。现在，可以对作物进行单独处理，降低除草剂抗性。在过去的 10 年里，这家有着 180 年历史的大型农机公司着手从拖拉机公司转型为人工智能公司。他们下了很大的赌注，认为农业的未来会包含很高的技术含量。约翰迪尔公司的智能解决方案集团高级副总裁约翰·斯通（John Stone）告诉《福布斯》（*Forbes*）："深度学习带来的变革为解决农民多年来梦想解决的问题打开了大门。""有了计算机视觉系统和深度神经网络，这些技术在农场的应用前景一片光明。"今天，这些半自主系统可以帮助农民识别密集种植的易受伤害的农产品，并能自主驾驶喷洒机。这些功能解放了农民，农民可以自由地从事其他事务，因为他们不再需要花费那么多时间坐在方向盘后面犁出一条条完美的线。

图 4-7　约翰迪尔公司的喷灌机 See & Spray Select

这很重要，因为农业的未来需要节约，世界上的农民数量越来越少了。受气候变化引发的极端天气现象和商品销售利润率下降的困扰，接管家庭农场的孩子越来越少，美国农民的平均年龄已经上升到 58 岁。超视可能成为一项突破性技术，只要它能提高粮食种植的效率、使我们有可能继续向数十亿有需要的人提供谷物、玉米和新鲜农产品。不出所料，超视也将变革我们在商店购买食物的方式。

有感知的超市，购物变得像偷窃

你知道美国的就业人群中有 3% 是收银员吗？高中时，我在一家生意不错的百吉饼店做收银员，即使我当时才十几岁，身体也吃不消：从早站到晚，冒着被割伤的风险，手因为出汗一个小时要洗很多次。更不用说络绎不绝的顾客了，每个顾客又有不同的需求：“我的蔬菜盐百吉饼上多加甘蓝，但也不需要那么多。”“你能把熏三文鱼切厚片，再加三个刺山柑吗？”……“请稍快一点，我上课要迟到了！”消费者也不喜欢结账，因为排长队令人厌烦，服务也很仓促，12 件商品或以下的结账通道上，顾客的手推车里至少有 15 件商品。

超市的扫码工作中很多内容很快会实现自动化。无论如何，下单、清点现金、找零、刷卡等缺少有意义的人际互动；而且这也是对空间的浪费：想想超市里为昂贵的收银机、传送带和打包区预留的空间。

超视提供了一种全新的模式，它促成的以下两点将永远改变超市：无人结账与无现金结账。浏览商品，选购商品，走出商店，无须互动也无须刷卡，这样的购物流程谁会不喜欢呢？

第 1 章中，我们列举了如何使用超视来消除消费者体验中的支付摩擦：通过使用面部识别进行小额支付。超视也可以准确地观察并记录下你购物时挑选的物品，或者只是用手机指向的物品。例如，乐购是韩国第二大杂货零售商，它没有建造更多的实体商店去推动下一步的增长，也不去吸引更多的顾客到现有的商店，而是选择把商店带到人们身边。乐购在地铁站安装了栩栩如生的大型广告牌，规模与真正的商店相同，但厚度却像纸一样。用手机扫描任何物品，它就会加入在线购物车，送货上门，有时比你乘坐地铁还快（见图 4–8）。

图 4-8　地铁站的乐购无人超市海报

2016 年，我创建的社交购物公司 Ditto 聘请的多位才华横溢的计算机视觉博士被挖走，他们组建新的团队，将超视商业化并运用于超市，取名为 Amazon Go 无人超市（见图 4-9）。

首次进入 Amazon Go 无人超市时，门口处会有一位耐心的员工指导你下载 Amazon Go 应用程序，绑定信用卡。超市内部和普通的超市别无二致（有点令人失望）。和逛普通超市一样，拿起你想要的物品，比如三明治，价格过高的奶昔及燕麦棒。然后就比较有趣了，而且无摩擦：没有收银台，走出商店即可！几秒钟后，亚马逊会给你的手机发送一条推送消息，上面有购买商品的照片，以及刷去信用卡的总额。

2019 年我有机会光顾了旧金山的一家无人超市，我想看看自己是否能够战胜计算机视觉技术。对我有点信心——我反应很快，还备有一个大袋子。我能偷窃成功吗?

走进超市，我抬起头来仔细观察。天花板被漆成黑色，可以掩饰摄像头和电缆网络：可不仅仅是几个摄像头，而是数百个摄像头，毫不夸张。它们对准每个架子的不同部位，每个摄像头都经过训练，可以追踪人、手势及货架上的物品是否还在原来的位置——所以人工智能很清楚，如果燕麦棒不见了，一定是某位顾客拿走了。

图 4-9　Amazon Go 无人超市

注：Amazon Go 无人超市的天花板上有数百个摄像头，它们经过训练，可以识别每一件物品。

为了测试摄像头的功能极限，我拿起货架的商品并将其替换掉，并把一些商品放到商店的其他地方。然后，我以最快的速度在较低的架子上抓起一根燕麦棒，用夹克遮住我的手。当然，人工智能摄像头可以看到我，但它们能迅速读懂我的姿势吗？我大概在不同的口袋里藏了 5 件商品，然后径直奔向出口。我想至少有几件东西可以骗过摄像头。计算机系统比得过我敏捷的手法吗？这家店几周前刚刚开业，我估摸系统一定存在一些程序错误或者至少是有些问题还需要优化解决。

然后我的手机就响了。该死，我的信用卡被扣去了 5 件商品的费用，准确无误。

今天，Amazon Go 无人超市开始向更多的城市布局，超市也开始提供更多的水果蔬菜、烘焙食品、肉类和海鲜。购物者挑选食物的时候有可能会一个个地按压牛油果或者闻闻瓜果的味道，这对计算机视觉系统提出了更高的要求。亚马逊实体零售和技术副总裁迪利普·库马尔（Dilip Kumar）在伦敦商店开张后接受路透社的采访中总结道："与可乐相比，顾客与新鲜农产品的互动往往要多得多。"

辩证地看待超视
SUPER SIGHT

说服无所不在

如图 4-10 所示，零售体验会经算法高度定制，突出顾客感兴趣的项目。随着超市里削减实境技术[①]的应用，你甚至看不到让你过敏的东西。

由于超视可以观察到你在商店内看的内容及在商店外看的内容，购物将会在半有意识的状态下进行。促销将针对潜意识中的兴趣信号做出反应。当你在商店漫步时，只要盯着某样商品看上几秒钟，它就会被贴上标签。某些让你感到不悦的东西也会被注意到。

① 增强版本的广告拦截器。相比添加更多的信息到场景中，削减实境可以策略性地识别并删减内容。这些系统通常使用神经网络或离轴摄像头来"去水印"或填充被移除的物体或人背后的东西。

图 4-10　超市中经过高度定制的零售体验

当然，有时候我们的目光多是随意而为。我们扫视周围环境，一个场景映入眼帘，我们会被充满活力的颜色、高对比度、照明，尤其是动感内容所吸引。如果一只松鼠跑过你的视野，你很难注意不到这个移动的刺激物。事实证明，我们可以通过测量人观看时间的长短来了解他的兴趣和意图。重复观看（像双击一样）很能说明问题：他们对此物很感兴趣，因此不由自主地多看了一眼。换句话说，吸引我们眼球的物品，比如商店橱窗里的一双鞋、吧台另一端的人、其他桌的开胃菜，都是我们潜意识中强烈的感兴趣的信号。

营销人员喜欢这种理论。你的目光停留在周围事物上的时间会形成一个连续的热图，这种热图可以以两种形式出售给企业：个人版本（根据吸引她注意力的物品判断，她对甲感兴趣）和匿名化的整体版本（这个人口统计组中所有成员最近都在关注乙）。

想象一下，如果零售商可以获得你的数据，了解让你满怀渴望的物品的数据：人体模特身上的服装、价格荒谬的扇贝、拿起然后又放下的苹果手表。他们可以根据你的兴趣进行动态定价。如果看到降价，你可能会拿起被忽略的洗发水；或者如果你在一周内一直在看同一款芬迪包，也许包的价格上涨会刺激你现在就买，以防价格再次上涨；或者，如果这个包的价格真的超出了你的消费能力，其他品牌可能会通过你的超视眼镜来推荐你购买更便宜的相似款。

为了保护我们作为消费者的选择权利，轻松编辑和删除我们的需求数据需要成为常态，而且现在比以往任何时候都更需要。

在接下来的 10 年里，大多数商店将效仿 Amazon Go 无人超市，采用由超视提供支持的自动结账系统，之前由收银区占据的位置也会进行重新安排。那些收银员呢？希望他们会被重新分配其他任务，比如为感兴趣群体提供个性化程度更高的超市礼宾服务及导购体验。我希望超市里有更多的人与人之间的互动，提供更多的样品供品尝及更专业的建议。给我配备一个助手帮我配好一顿复杂晚宴所需的一切原材料，或者给我配备营养师帮我选择符合健康目标的食物，两者都基于我家人的过敏史及对本地农产品的喜爱。毕竟，如果没有人类的帮助，购买食物将可能成为一种更加孤独的消费体验。倒不如把挑选商品、包装商品和送货的任务交给机器人。

05 情境学习、持续学习、亲历式学习，启迪未来教育的 3 种学习方式

度假时，很多家庭会选择去巴塞罗那，西班牙旅游局和西班牙伊比利亚航空公司会提供大量补贴，而超视眼镜就是补贴套餐的一部分。乘务员会贴心提醒，在西班牙的户外日光下，镜片会自动转换成太阳镜。

第一个功能马上会派上用场：西班牙语字幕。眼镜前方的一排麦克风会接收周围的语言，然后直接投射译文——译文会出现在讲话人上方，这样你就能理解司机的完美提议了，即绕道品尝意大利冰激凌。晚上用餐时，因为你能看懂海鲜饭的配料，所以它看起来更有食欲。而从路人的谈话中，你“偷听”到周围有个神秘的海滩。

第二天早上，你鼓励孩子们关闭自动翻译功能，这样他们就可以练习西班牙语了。如果他们被某个词卡住，无论是口语还是书面语，他们总是可以调出眼镜里的内置字典进行确认。行程中的第一站是巴塞罗那必去之地：西班牙建筑师高迪（Gaudí）的杰作圣家族大教堂（Sagrada Família）。通过眼镜，你可以理清该建筑在过去 10 年中各个阶段的进展，以及 20 年后当它完工时的最终样貌。

接下来，你决定在老城漫步，但是对于人头攒动的徒步旅行大军你不太感兴趣，那么你可以下载个性化的（超级）观光地图，它可以让你在狭窄的街道上追

逐一头虚拟公牛，建筑大师勒·柯布西耶本人会带你了解巴塞罗那博览会德国馆等标志建筑的历史，并观看可以追溯到罗马时代的西班牙历史长河中关键时刻的重现。游客视角可以观看尚未完成的建筑工程竣工后的样子，如西班牙建筑师高迪设计的巴塞罗那圣家族大教堂（见图 5-1）。

图 5-1　圣家族大教堂竣工后的样子

下午，如果走运的话，还能买到足球票。有了超视眼镜，离赛场较远的座位也会有绝佳的观感。因为你可以放大，可以了解每个球员、他们的名字及其背后的故事，熟悉他们的战术，比如制造越位或假装受伤（这几乎被意大利球员发展为一种艺术）。因为欧洲的赌博法比美国的宽松，眼镜可以帮助你在比赛的任意环节下注，用钱或常客积分都可以下注。你绝对想不到，我会接受那些赢得点球的赔率。进——球——啦！

家长和孩子获得的体验比任何暑期班都要好。孩子们在大多数互动中使用西班牙语，沉浸在一种截然不同的文化中（沉浸是理解其他文化的最佳方式），了解了当地的街头美食、建筑和历史……以及西班牙人对足球的狂热。

学校和课外生活之间的界限总体上将变得模糊，这催生了众多新颖的商业模式和消费产品，并提升了在线学习品牌的潜力。顶尖的科学家和其他明星传播者将通过技术增强的未来眼镜成为网红教育家，学习将无处不在、持续不断、贯穿我们的一生。教育对于个人成就和事业成功来说将比以往任何时候都更加重要，但是拥有成排桌椅的教室与固定学时制的学习将演变为兼具定制性、持续性和碎片化的教育。学习的场景将设置在博物馆、国家公园和城市街道等地方，音乐会等活动将获得丰富的背景信息，变得更有趣也更具启发性。

计算机视觉将使教育变得更有趣味性。回想你在幼儿园时：在老师的引导下，学习更多是创造和建设，并跟随自己的好奇心。不久，眼镜就会扮演老师的角色。在参观美术馆时，它们会介绍艺术家早期的自画像，或者早期摄影师对卤化银材料的探索，或者其他你感兴趣的任何东西。如果你的目光停留在某件艺术作品上，它们会补充艺术家创作的动机及带来灵感的其他作品的信息。听交响乐时，你的眼镜会投射出乐器的历史、音乐家的背景，以及解释作品结构的图表，并对主题进行概述。音乐会也会附加关于音乐理论的简短“注释”，使你沉浸其中，同时丰富你的理解。

你可以在离家近的地方享受类似的学习经历。想知道孩子床下的那只蜘蛛危险与否？你的眼镜会识别蜘蛛的种类，并解释那些挂在蜘蛛网上的小豆豆即将复制出成千上万个微型蜘蛛妈妈……以及蜘蛛妈妈为获取蛋白质刚刚吃下自己的丈夫。如果一口气观看了美剧《房屋猎人》（*House Hunters*）后你大受启发，想详细了解自己家附近房屋的建筑及房屋的翻修情况，你可以晚上在社区散步时启用眼镜的 Zillow 过滤程序。程序会告诉你为什么 20 世纪初的美式平房更实惠，美国殖民时期的建筑会保值；每栋房子旁边都附有价格图表，包含销售历史和预测维护成本等信息。眼镜上的社区过滤程序还可以通过真人大小且生动逼真的全息图告诉你，途经小公司的主人是谁及其背后的故事。

小规模学习及人人都负担得起的教育趋势已然开始。想一想视频网站 YouTube 上的在线信息，包括可汗学院（Khan Academy）的视频，EdX、Udacity

或 MasterClass 的微课程，以及一分钟的“每日趣闻”播客。与超视的不同之处在于，增强学习将更具情景化和空间化。日常情境会激发学习的灵感，学习也会融入日常情境中：比如晚上的社区散步、做奶昔的过程、观看球赛、听街头艺人演奏，甚至坐在读这本书的椅子上（椅子设计师对制作过程和材料选择有很多话要说）；而情境式教育会更有效、给人的印象也会更深刻。

坐上神奇校车

我的妹夫山姆在生日狂欢宴会上喜欢玩彩弹射击游戏，因此在生日狂欢的前一晚，我仔细钻研了这个游戏，了解了所有的装备问题、二氧化碳枪技术、油彩如何制成丸状并在不同的射程内发射，还了解了团队策略，以及如何避免被伏击。按照设想，我应该可以掌控整场派对，这样山姆就不会一直喊我“学究小老弟”了。

第二天早上，我和山姆的 15 个朋友一起分成若干小队，我们穿上迷彩服，戴上头盔，将几百个彩弹装入半自动武器。有人给我们讲解了不允许开枪击打对方头部或颈部之后，把我们送到了树林深处的起始位置。宣读游戏规则时，我已经信心满满了。但当战斗开始的号角响起时，我惊慌失措，畏缩在一个障碍物后面，因为战斗开始在我四周上演，我很害怕，不知所措。最终，我终于鼓起勇气站起来，但在透过板条箱观察时，我被击中锁骨，整个过程不足 5 秒，亮蓝色的油漆点标志着我出局了。这和我想象中的勇敢英雄形象相去甚远。

当然，和我妹夫的朋友玩这个游戏对我毫无公平可言：他们要么是消防员，要么是其他急救人员。我从未接受过每分钟心跳超过 80 次时如何进行理性判断的培训，但是他们已经掌握了如何在极端的身体和精神状况下做出准确判断。他们的训练基于模拟和演习——这正是紧张刺激、血压飙升且压力巨大的树林深处的彩弹射击游戏所需要的。

具身认知（embodied cognition）恰好说明了阅读彩弹射击游戏的相关介绍和亲自玩彩弹射击游戏的区别。无论你阅读了多少策略或掌握了多少图表，都无法为被彩弹击中做好准备。这是学习和认知的两种不同的方式：理论和实践。

我们经常对传统学校感到失望，因为它们过于强调理论——太多关于彩弹射击游戏的知识介绍，而缺少亲身体验。如果完全离开书本会怎么样呢？

混合现实通过超视将虚拟和现实融合在一起，试图通过心理学家所谓的“扎根认知”（grounded cognition）来重塑我们的教学方式和学习方式。扎根认知理论认为，意义扎根于我们的感官和情景体验，并通过我们的感官和情景体验被理解。例如，当你看到一张狗的照片时，可能会想起抚摸毛皮的感觉、潮湿的气息、温暖又湿润的舌头，或者呜咽声及狗吠声。相反，如果看到一张恐龙的照片时：除非你去过哥斯达黎加岛上的某个主题公园，否则你了解的更多是理论知识，没有感官编码，信息也不如前者充实。

当我们被动地听讲，并被测试记忆事实的能力时，我们只需使用心理学家所谓的语义记忆（semantic memory）：关于事实、想法、意义和概念的记忆；但是最有效的教育者和培训师懂得记忆和学习之间是有区别的。记住彩弹射击的游戏规则是一回事，在情境中运用完全是另一回事。像超视这样的现代工具让我们可以通过沉浸式技术增强语义记忆，同时也进入一种更持久的记忆类型：情景记忆（episodic memory）。例如，相比于从印刷的书本上了解美国《独立宣言》的签署年份，你可以使用 AR 眼镜进入模拟场景，在这个场景中，美国的先驱们正在针对各州的权利进行辩论，你本人就在这个签署宣言的房间里面。关于辩论场景的情景记忆远比教科书上的一段描述更有可能让你印象深刻。

学习的方式和学习的地点与记忆的质量有着紧密的联系，这被称为环境复原效应（environmental reinstatement effect）。如果你在准备数学考试时常喝绿茶，或者自学外语时常听钢琴演奏，那么在同样的情境中，你更有可能记住那些难以捉摸的公式或者正确的动词词形变化。对这个问题的神经学解释是理解超视教育潜力的关键：记忆通过多感官轨道自动编码。你不能只选择学习数学的记忆，却删除双手温暖的感觉及对绿茶的口感和味道的记忆。大脑适应了接收并组合视觉、听觉及其他感觉的情景线索，并使用任一线索或者所有线索用于未来的回忆。如果学习知识的情景更真实丰富的话，我们的记忆也更有效。如果学习是参与式的、多感官的、更具人情味的，那么我们在学习的时候，会整合更多来自眼睛、耳朵、身体位置及其他更多参与其中的感官信息。

换句话说，我们通过多模态平行流对记忆进行编码。毫无疑问，闻到某种气味可能引发你强烈的视觉记忆，或者听到某种音乐可能让你回忆起一段关系。即使是像使用工具或在吊床上摇摆这样的重复动作也会让你回忆起过去的感受。认知和记忆是具身的。

现在你知道为什么学习环境科学、历史、天文学……几乎所有学科时，实地考察都比教科书更吸引人了。超视可以使亲身实践的实地学习内容更加丰富且更具个性化。有了智能眼镜，古树和新花就能给你讲讲它们的故事，介绍最早培育它们的植物学家是谁。岩石、化石和古苔可以播放介绍各自历史的延时视图[①]。为了让你看清它的钳子，一只小甲虫可以放大到房子大小。

学生们也将以新颖的方式参与到学习中——参与互动并捕捉、解释及分享知识。学生的笔记、草图和详细的音频备忘录都将印有时间、地点及他们的情绪。之后，他们可以根据所在地点、周围的人、兴奋的事物进行搜索——也可以根据

① 一种将时间压缩的视图。——编者注

他们走神的节点进行搜索（“Siri，给我看看所有我不是特别感兴趣但我又需要知道的内容，请让它们有趣点”）。超视和人工智能越来越擅长用最显著的信息延时来总结故事，并通过创建超慢动作回放来详细审视关键点，因为这些内容放太快就无法看明白。这种个性化的实地考察媒体将被发布在社交媒体推送中，并像今天的抖音视频一样，可以点赞、转发及重新剪辑。正是由于这种数字流动性，自我表达将占据教育体验的更大份额——教育体验也将成为一种有效的推广渠道。

我曾参观过哈佛大学的一个实验室，观看虚拟现实是如何被用于教授分子化学的。每位学生都戴着 VR 头显，旋转头部、向上看、向下看、向后看，抓取蛋白质结合的部位，并与之掰手腕。学生们特别喜欢这一切，当复杂分子像卡车一样大时，他们真正感受到了神奇的 3D 结构，试图将它们捡起来并对接在一起。但令我震撼的是这些虚拟现实模拟的个性化程度，学生们互相大喊大叫：“哇哦，你是怎么抓住咖啡因分子的？”但没有人有共鸣，包括老师。

未来的课堂教育应该具有社会性和合作性——教师、同学和任务都是可见的。顶尖的实验室和学习空间，如哈佛大学的设计研究生院和 MIT 的媒体实验室，都有意通过设计来展示活动、过程和任务。它们的墙是玻璃的，可以一眼看穿实验室、车间和创客空间。你听不到所有的声音，但视觉上却有一种全知的感觉。这种透明度和孔隙有助于优秀的教师判断何时需要给出指导，并通过让学生看到彼此的任务来激励他们。每个人都能享受到共同工作的好处。增强现实使共享现实世界视图成为可能，而虚拟现实是无法做到的。

今天，为了教 14 岁的孩子解剖学，每个教室都有泡在甲醛里的青蛙的僵硬尸体。解剖课如此受欢迎的部分原因是青蛙解剖栩栩如生，而书中的图片无法做到这一点。像 Froggipedia 这样的 iPad 应用程序教授解剖学的效果更好，因为你可以在虚拟青蛙还在跳来跳去的时候进行解剖。切开皮肤，可以观察青蛙后腿肌肉的活动、了解为什么有些骨头需要更粗壮，还可以看到心脏、肺和其他器官的实时变化（见图 5-2）。事实上，当你可以解剖来自侏罗纪时代的生物时，你还会选择解剖青蛙吗？有了 AR，你班级里的学生可以通过足球场上向你冲刺而来的霸王龙来学习动物的解剖学结构和达尔文的理论。快看霸王龙巨大的后臀部，非常适合追捕猎物，而它们强有力的下巴，可以把骨头嚼得嘎吱作响，把肉撕得稀碎。这就是最优的进化！

图 5-2　待解剖的 AR 青蛙

注：该步骤中，青蛙皮肤是透明的，可以显示肌肉解剖结构。

如果拥有一辆神奇校车，待在教室里还有什么意义？问问系列绘本《神奇校车》（*The Magic School Bus*）中的教师角色卷毛老师就知道了。在任何一本《神奇校车》绘本的第二页，她都会同孩子们一起乘坐校车，然后通过人类血液、太阳系或是城市的水管，开启一场场奇妙的实地考察。超视将为每位学生送上自己专属的神奇校车，旅程中，整个世界都可以变成空间学习体验的场所。

你的智能眼镜可以实现个性化，这是神奇校车所没有的。在你耳边讲述的关于你所看到的内容的补充知识将是个性化的，它们是为了促进你的理解，而不是用信息来淹没你。自动分级很关键。因为眼镜离你的皮肤、大脑和眼睛距离很近，所以它了解你是否在参与及是否在学习：皮肤电反应关注皮肤的电导，这是兴奋的信号；太阳穴附近镜架上的脑波传感器读取你是否处于生成性流动模式（14 ～ 40 赫兹的 β 波与推理相关，40 赫兹或更高的伽马波与洞察力相关）；眼球追踪器测量你的瞳孔扫视，以确定你感兴趣的确切主题。基于上述信息的算法可以动态调整课程的内容深度和节奏，或者在需要时还可以更换学习方式。

这些增强层将比显示静态标签效果更优。它们还可以将时间和空间弹性化，从而揭示之前隐形的世界。有一天，在我高中物理课上，物理老师布伦施威格先生（Mr. Brunschweig）关掉灯，启动电影放映机，给我们放映了查尔斯·埃姆斯（Charles Eames）和雷·埃姆斯（Ray Eames）执导的电影《十的次方》（*Powers of Ten*）。通过比例缩放，这部电影带观众体验了一场非凡之旅：每 10 秒钟，它就会进入另一个数量级，最终到达银河系的边缘，以及进入碳原子核，这是 1977 年科学所能观察到的极限（见图 5–3）。

图 5–3 《十的次方》

注：经典电影《十的次方》展示了通过超视我们可以放大次原子粒子的大小，也可以观察地球外的其他星系。

超视，就像《十的次方》一样，让我们不仅可以用不同的空间尺度看世界，而且还可以在不同的时间尺度上看世界。建筑学专业的学生戴上智能眼镜，就能理清一栋建筑建造的时间表，只需将两根手指伸开即可：建筑将消失，出现地基，然后随着时间推移该建筑逐渐被重建。哪个历史系学生会不喜欢“时间旋钮”，以亲身经历重大历史时刻：聆听约翰·肯尼迪或马丁·路德·金在美国国家广场发表动人演讲；见证托马斯·爱迪生或尼古拉·特斯拉实验室里重要的发明时刻；置身城堡围攻或独立战争的战斗中。如果每个人都能够进入模拟空间，每个人都可以变成历史爱好者。

跨越时间或空间尺度的旅行让世界在我们眼前更清晰，也更有趣，并能适当地叠加历史和故事层。感谢超视带来的全息体验，任何有数字模型的事物都可以被切分成各个组成部分，人们可以选择整体或是局部进行观察。我最喜欢的一个例子就是解剖教学衬衫，由伦敦一家名为 Curiscope 的公司制造。当你用手机或 iPad 指向穿着该 T 恤的同学时，你就会看到他的胸腔。胸腔里，随着血液涌入与排出，心脏有规律地跳动着，血液流向三维肺部，肺部扩张获取氧气。循环系统的每个部分的大小和位置基本准确，呈现在穿衬衫学生的身体上。你的屏幕上，一半显示真人，一半显示骨骼（见图 5-4）。

图 5-4　Curiscope 的 AR 解剖教学衬衫

注：学生穿着 Curiscope 增强现实 T 恤，AR 程序中显示其身体和骨骼结构。

想象一下如果我们能够对所有事物进行 X 线检查，那么戴着 X 线眼镜漫步在建筑环境中，我们看到的会是什么？这是作家理查德·斯凯瑞关于剖面的幻想：切开城市的混凝土、沥青及岩石层，就会看到地铁网、清洁水和污水、煤气管道及火车在你脚下穿过。透过墙，可以观察电线、管道、绝缘材料及小生物。汽车引擎、飞机机翼、电梯滑轮——有了超视，我们可以从结构上揭示万物的工作原理（见图 5–5）。

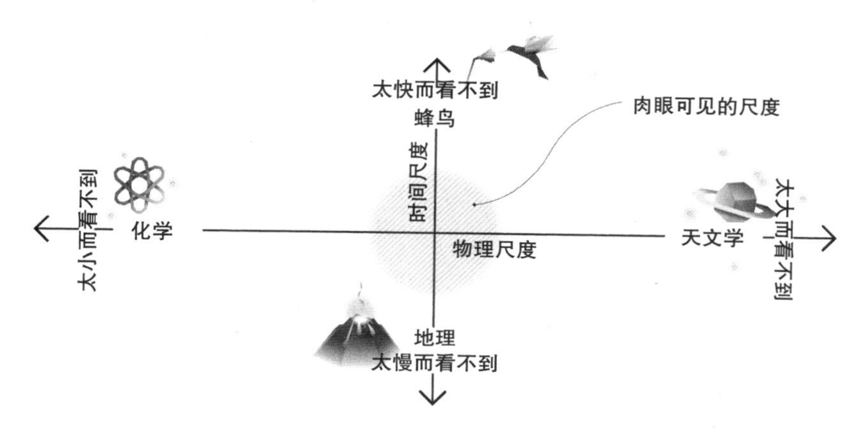

图 5–5 看到之前看不到的事物

注：使用 AR 教学时，可以减缓和加快时间进度来解释现象。

最佳的 AR 体验将带我们进入通常无法进入的时间和空间尺度进行观察，从小（分子大小）到大（天体大小），从快（蜂鸟振翅的速度）到慢（海平面上升的速度）。在显微镜下，或在“上帝视角”下，几乎所有的东西在超慢动作或压缩时间的情况下，都更令人印象深刻。超视将让我们感觉自己就像置身于“黑客帝国”中，在那里我们可以放慢速度让子弹速度与我们的速度处于同一尺度，并随心所欲地进行时间旅行——无论是在教室内，还是在教室外。

将城市打造成时光机

如果你有机会，我推荐你去参观纽约的世贸中心一号大楼。它建在“9 · 11”袭击中被摧毁的双子塔的遗址上，设计周密、塔身坚固，因此用了 10 多年才建成。当你登上 100 层到 102 层的天文台时，会大吃一惊。电梯的 4 面墙上都有数字投影仪，可以 360 度地展示曼哈顿后殖民时代的历史（见图 5-6）。

图 5-6　世贸中心一号大楼使用投影增强的电梯

注：世贸中心一号大楼的电梯使用投影增强，将曼哈顿 300 多年的历史制作成动画，在电梯上行时放映。

电梯位于地下，所以你开始看到的是岛上冰冷、黑暗、还在滴水的基岩。然后电梯门关闭，你会感觉到电梯上行，逃出地面。电梯飞速上行时，你会看到纽约东河周围的田园景观：几处小木屋、围着牲畜的栅栏，还有一座教堂。一行小字提示，当前你正处于 16 世纪初白人定居者建立曼哈顿的头几十年。时间飞逝，定居区域规模越来越大，道路网络开始向北蜿蜒。电梯带你进入更高的上空，岁月也匆匆流逝，建筑物变得越来越高，街道也越来越密集。所有的一切在你眼前一览无余，真是令人叹为观止。随着像电影《查理和巧克力工厂》（*Charlie and the Chocolate Factory*）中的大玻璃升降机一样的电梯继续上行，视野越来越开阔，城市扩张速度也越来越快。电梯开始慢下来，通往天文台的门最终打开时，你走出电梯，心中思绪万千，你会思考曼哈顿的城市规划，思考 50 年后曼哈顿会变成什么样子。你的思维与步入电梯前截然不同。毫无疑问，这已成为你人生中最精彩的电梯之旅。

为什么这次电梯之旅具有变革意义，让我们一起来揭晓答案。首先，位置和增强之间有对应关系。你所处的位置与你的感受和所见之间具有一致性（电子学专业的朋友会称之为阻抗匹配[①]）。因为你可以选择向任意方向观看，这种沉浸式体验非常生动逼真。方向与事实保持一致。当你的身体在空间中上升时，你自然会感受到身体上的触觉压力。这个电梯吸引人的另一个原因是，你一开始看到的不是风景，而是让人产生幽闭恐惧的花岗岩洞，然后在你挣脱地面并迅速上升时，会体验到一种解脱感和喜悦感，即建筑师弗兰克·劳埃德·赖特（Frank Lloyd Wright）所谓的“压缩 - 释放”效应。

世贸中心一号大楼的电梯体验为增强教育的未来指明了方向，闲暇时间可以变成绝佳的学习机会。无论我们是在乘坐公共交通工具、站在自动扶梯上，还是在排队等候，增强功能都可以实现教学、分享信息及带来启发。

对于如何学习本土背景下的历史和文化，超视带来了无限的前景。古代社会的遗迹会让我们想象过去，并产生好奇：如果我们出生在不同的时间和地点，生活会是什么样子。超视可以通过模拟展示来帮助我们探索这些问题，带领我们从《地方的力量》（*The Power of Place*）这本书开始，用现有的材料建造城市。图 5-7 展示了有机玻璃标志将线条叠加在奥地利凯旋门[②]上的场景。

---

① 保证从信号源到负载的传输路径上各处阻抗都一致，以尽量减少信号反射的方法和机制。——编者注

② 不同于法国巴黎的凯旋门，奥地利因斯布鲁克市的凯旋门兴建于神圣罗马帝国晚期的 1765 年。——编者注

图 5-7　超视增强后的奥地利凯旋门

注：奥地利凯旋门是整个奥地利罗马城市的最后一处遗迹，也为超视重现历史活力带来了灵感。

想象一下，当你游览不列颠群岛破损坍塌且阴冷潮湿的城堡、墨西哥的奥尔梅克人头像（the Olmec heads）、以色列的圣地马萨达（Masada）、狮身人面像、巨石阵、复活节岛时，在眼前展开的身临其境的情景会给你怎样的感受？每年有数以百万计的游客参观这些考古遗址，但简短的传单介绍及讲解员的认真讲解并不能完全让它们栩栩如生。超视提供了无限潜能，可以让游客全方位沉浸在这些文化和历史的重大时刻中——不只是作为旁观者，而且能够参与其中。古老的城堡因成千上万的演员而焕发生机，游客可以借此了解中世纪的节日、社会等级制度、武器装备等。

对于那些不能参观历史遗迹的人来说，有许多虚拟现实应用程序可以让你扮演印第安纳·琼斯（Indiana Jones）[①]。其中规模最大的是 Open Heritage，由 Google Arts & Culture 与非营利性组织 CyArk 合作开发。通过使用 3D 成像技术，他们复制了数十处历史遗迹，供用户通过 VR 观看，其中包括墨西哥奇琴伊察玛雅城邦遗址及缅甸遭受地震蹂躏的蒲甘寺庙群。Cyark 的创始人兼首席执行官约翰·里斯泰夫斯基（John Ristevski）出生于伊拉克摩苏尔（Mosul）。21 世纪初，塔利班摧毁了阿富汗具有 1 500 年历史的巴米扬大佛后，他受到启发启动了这个项目。他现在致力于记录许多其他现有的遗址，以免它们因气候变化或战争而受损或受破坏。

虚拟现实使得学生和扶手椅考古学家可以观赏被摧毁的遗址。通过各种应用程序和博物馆体验，你可以探索青铜时代的房子、清朝的瓷器厂，以及公元一世纪的希律王神庙。2015 年，联合国教科文组织和数字考古研究所使用 3D 扫描和打印技术复制了叙利亚的巴尔米拉凯旋门，这座 3 世纪的罗马建筑是被阿拉伯人摧毁的。在现实世界中，这些遗址和纪念碑可能会被摧毁，但在虚拟世界中绝不可能。

超视也为斯图尔特·伊夫（Stuart Eve）这样真实的考古学家提供了帮助，他是目前滑铁卢战场挖掘项目的负责人之一。在他的博客文章《亡者之眼》（*Dead Man's Eyes*）中，他提到使用了苹果的软件 ARKit 将与滑铁卢挖掘相关的诸多数据数字化，并将其分层添加到挖掘现场及工作室中。每年考古学家待在现场的时间只有几天或几周，所以这个实物大小的数字复制品颠覆了考古现状，让考古工作者回到家里也可以继续工作。

超视回看过去的能力不仅仅局限于相关地方的结构和外观，它还可以同居住者互动和对话，并了解他们的行为动机。几年前，在波士顿郊外的普利茅斯种植

① 电影《夺宝奇兵》（*Raiders of the Lost Ark*）中的主角。——编者注

园，我遇见了夏洛特，她是一位来自 1660 年的 34 岁女性，刚经历了长达一个月的大西洋横渡，正在设法收集充足的食物来应对新英格兰严酷的寒冬。她穿着一件不合身的羊毛夹克，说着古老的英格兰词汇。她说自己睡在阴暗的房间里，用稻草做的床垫很不舒服，房间里只有一扇小小的烟雾缭绕的玻璃窗。夏洛特是一名演员，但很快你就可以找到这种历史仿像的虚拟版本，他们穿着革命者的鞋子和粗糙的羊毛衣服，在波士顿的自由之路（the Freedom Trail）[①] 上，与成群结队的游客交流。他们会讲述革命者把茶倾倒入海 [②] 的故事，并在旧会议厅里发表慷慨激昂的演讲。这些历史的记忆，生动真实，非常震撼。现代建筑群会逐渐消失，根据你选择的年份，人和事物都将回到那个年代。

超视有能力将现实的场景变成历史和科学博物馆，但是对于实际的博物馆、图书馆、历史学会及其他致力于保存历史的地方，超视又会如何为这些地方的学习体验锦上添花呢？

遇见恐龙，打造神奇博物馆

博物馆一般都与特定类型的时间旅行相关。艺术博物馆能让你回到过去，欣赏艺术表现的变革，从达达主义到点彩画派再到抽象表现主义。自然历史博物馆则通过时间压缩帮助我们理解自然选择。科学博物馆强调时间给现实世界带来的变化，例如大自然的进化或地球不断移动的大陆板块。有了 AR 为其增添表现力和阐释力，这些“时间机器”将更具说服力。在其原有的展品基础上，增强层将

① 位于波士顿公园和查尔斯顿之间的一条由红砖铺成的街道，沿途经过 16 处重要的历史古迹。——编者注

② 指发生于 1773 年的“波士顿倾茶事件”。——编者注

增添必要的背景，并会将其以新颖的方式传送给我们。

前面我们讨论了超视赋予人类 X 射线般的视觉，能够透视人的身体。在美国史密森尼博物馆，参观者通过增强视觉反其道而行之：给史前鱼类的骨头增添肌肉和鳞片（见图 5–8）。“充实”（fleshing out）一词在现实世界中指为某事物添加详尽的背景信息，但在史密森尼博物馆中，这将不再是隐喻的说法，而是实实在在的添加肉体，帮助我们以一种全新的方式看世界。

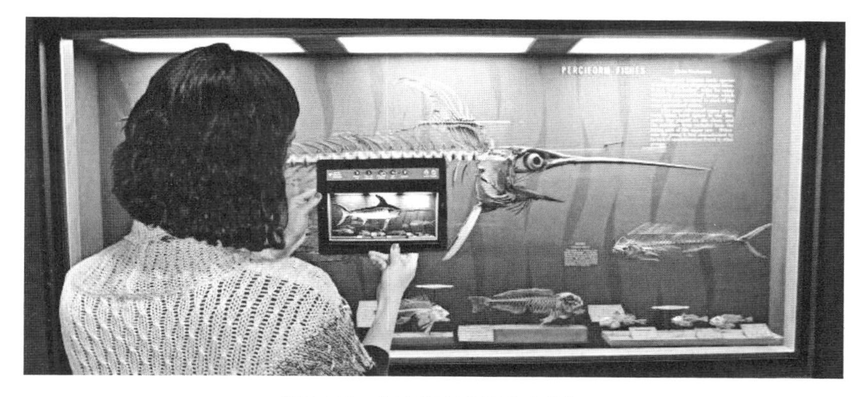

图 5–8　AR 将鱼骨还原成鱼

注：史密森尼博物馆的骨骼大厅里，一名游客使用 AR 设备增添鱼肉和鱼鳞，对鱼进行复原。

通过超视，我们可以给古代恐龙骨架添加肉体，可以看到复活的翼龙在古生物展区打破其展箱的玻璃，逃离大楼。无论是坐在家里舒适的沙发上来场博物馆之旅，还是在进入展区时通过耳机提供个性化展示，许多大型博物馆都在尝试使用虚拟附加装置。如何使用这些规模壮观的建筑，最佳使用模式又是怎样的？我们如何通过融合数字和现实来讲好过去的故事？

也许你该请教萨尔瓦多·达利（Salvador Dalí）。

达利本人并不谦虚。他也会这样告诉你——当着你的面。这位以神经质著称的西班牙画家于 1989 年去世，尽管如此，佛罗里达州圣彼得堡市的达利博物馆提供了一种创新体验，让你感觉像是在和这位超现实主义画家聊天（见图 5-9）。

图 5-9　与达利一起自拍

注：作为达利博物馆展览的部分内容，你可以和这位已故的超现实主义大师一起自拍。

为了让达利复活，展览设计师使用了新兴的人工智能技术：深伪技术或深度伪造技术（deepfake）。这种“深度学习”和“伪造”的结合体可以从多个来源获取媒体片段，并合成图像或视频，其迷惑观众的能力不可限量——就像历史人物复活并对你进行艺术教学一样（见图 5-10）。聊聊你的超现实体验吧！

研究人员首先展示了使深伪技术成为可能的生成式对抗网络[①]的潜力，视频中，斑马的条纹或猎豹的斑点被应用到疾驰的骏马身上。结果就是，新的视频高度逼真但令人极度困惑。这种即兴的混搭也适用于人类：在研究项目《人人都是舞林高手》（*Everybody Dance Now*）中，当时就读于加州大学伯克利分校、饱受睡眠问题困扰的卡罗琳·陈（Caroline Chan）似乎变成了美国创作型歌手布鲁诺·马尔斯（Bruno Mars），随着其歌曲 *That's What I Like* 律动起来，然后以专业芭蕾舞演员的姿势和技巧旋转（见图 5-10）。她关于机器学习的研究取得了成功，至少是在 YouTube 走红了！

① 先进的人工智能方法，使用两个神经网络来合成画作、更合理的景观设计、动态换脸视频或是“超人类”。一个神经网络（称为生成器）负责制造，然后另一个神经网络（称为鉴别器）对工作进行判断和打分。如果评分算法可靠，系统会通过数百万次的迭代获得提升。

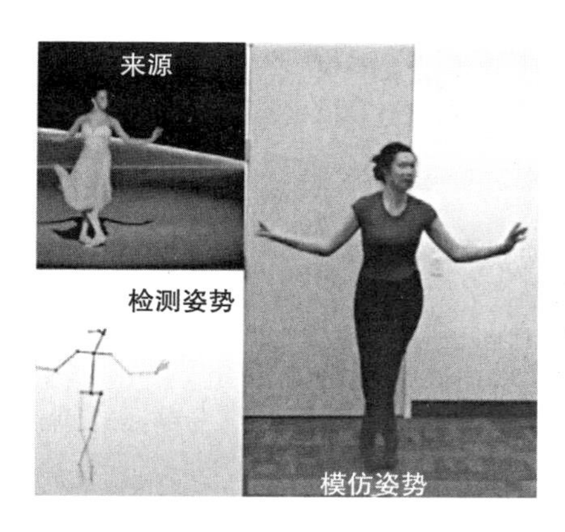

图 5-10 运用生成式对抗网络技术学芭蕾

注：通过使用生成式对抗网络的计算机视觉技术，加州大学伯克利分校的学生们也能掌握专业的芭蕾舞技能。

当然，深伪技术还存在其他不那么人道主义的用途。没错，这些合成影片可以复活成吉思汗来教授历史，但也会让职业模特失业。如果深伪技术可以让你像布鲁诺·马尔斯一样跳舞，为什么还要付钱给才华不如马尔斯的真正演员呢？最令人不安的是，一些虚假新闻视频中，政客们信誓旦旦地发表着他们从不会发表的发言。作为回应，2019 年美国众议院提出了《深度伪造问责法案》（*The DEEPFAKS Accountability Act*），几个州也随之出台立法，限制其使用。

然而，不可否认的是，其教育潜力也同样令人振奋。达利博物馆内，达利本人的动态假象就站在你旁边，沉思着他的超现实主义画作《记忆的永恒》（*The Persistence of Memory*）中融化的时钟。只要是跟达利的生活和艺术相关，他自己都愿意畅所欲言。他会谈论绘画技巧，谈论妻子加拉（Gala），以及在他出生前就去世的哥哥："我希望向自己证明我不是我去世的哥哥，而是活着的弟弟。"言语中透露着他的超现实本质："疯子和我之间唯一的区别就是我没有疯。"

最大的阻力是当你从礼品店出来的时候，"达利"感谢你的来访，并招手让你过去一起自拍。当你拍了微笑的照片后，他会对着照片大呼小叫，然后提出将照片发给你。然后，给你他的标志性告别语："就此吻别！"

最令人震撼的是，整个体验中，你会感觉自己就像是在和艺术家本人互动。他有着达利的外貌、声音和肢体语言。据《史密森尼》（*Smithsonian*）杂志报道，达利博物馆的执行主管汉克·海因（Hank Hine）曾说："有些游客甚至会大哭，因为已故的人可以复活，太神奇了。这具有重要的精神意义，如果达利可以复活，那么为什么不相信复活、永恒和自己的永生呢——以及你所爱的人的永生？这确实振奋人心。"

想象一下，如果博物馆为每一位历史人物提供类似的观赏体验，而不仅仅是艺术家，那会怎样？不过，也许绝对没有关于"杀人魔头"查尔斯·曼森（Charles Manson）的观赏体验。

博物馆游客很快也将能够使用超视交互式工具，使他们的博物馆体验不再受博物馆墙壁局限。我手边有一个现成的例子：斯鲁蒂（Sruthi）是一位小学四年级科学老师，她在当地的自然历史博物馆发现了一种沉浸式的 AR 体验。她带着自己的班级学生参观，学生将博物馆 3D 动画模型粘贴到自己的数字笔记本上。然后，回到学校，他们一起把这些增强现实的恐龙复制到学校的操场和建筑物上，让恐龙自由游荡，这样他们的同学也可以近距离观察恐龙了（见图 5-11）。

图 5-11　学习应用程序的复制 - 粘贴功能

注：通过学习应用程序，你可以从博物馆复制恐龙并将其粘贴到校园里。

教育用途只是运用这类工具的开端。寄送明信片会变得过时，简单的一个框架手势可以三维虚拟剪切任何你看到的事物，并粘贴到你的客厅或其他任何地方。这对像雕塑家克莱斯·奥登伯格（Claes Oldenburg）在明尼阿波利斯市沃克博物馆（Walker Museum）的《汤匙桥与樱桃》（*Spoonbridge and Cherry*）大型雕塑来说尤其有趣（见图 5-12）。想象一下它出现在你家前院或宿舍窗外的草地上会是什么景象。

图 5-12 《汤匙桥与樱桃》

注：有了超视，可以扫描巨型雕塑并将它投射到其他环境中——不管有没有得到许可。

有很多方式可以使用超视来改善博物馆体验。如果博物馆有骨架，可以用超视增加肌肉及制作动画。如果博物馆中有人物，用超视可以让人物动起来，充当导游。如果博物馆有多维的工艺品，游客不仅可以拍摄 2D 照片，还可以剪切 3D 版本并将它粘贴到自己的笔记本上，供其在社交媒体上分享——可以把开心的“达利”添加到任何地方。

“就此吻别！”

AR 技术将为我们的家庭、社区、游乐场、公园等各处提供丰富的沉浸式学习体验，打破限制，人人可享，随时随地可享。

迈克尔·索伊洛（Michael Soileau）
康卡斯特公司副总裁

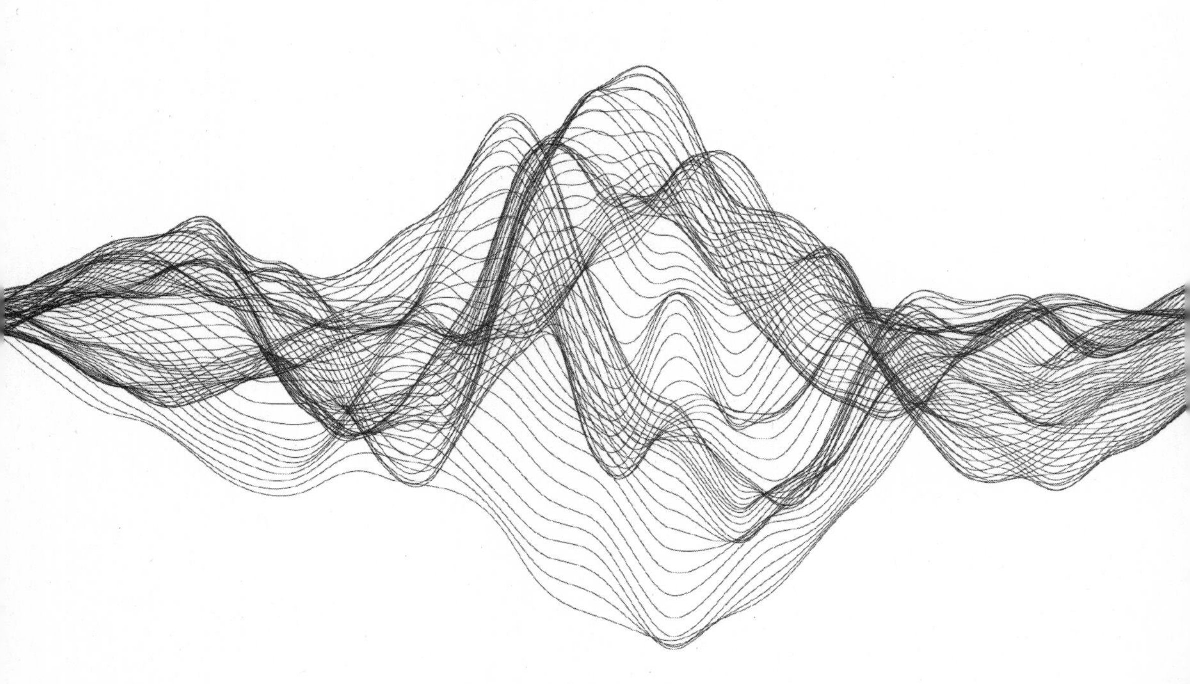

有益于学习的魔物

按照前面提到的方法同所学主题进行互动，的确会产生情景记忆，使关于新知识的印象更深刻。比情景记忆更好的学习方式就是体验创造的过程。更好的选择是主动犯错，而不是试图从别人过去犯的错误中吸取教训，边做边学。

这是 MIT 媒体实验室使用的主要学习方法。实验室的口号是“没有成果展示就失败”，这意味着实验室看重的不是去空谈一个想法或制作一个演示文稿来说明产品有多酷；相反，实验室会鼓励学生实实在在地把实物小样做出来，并根据他们设想的功能进行编程。整个过程下来，他们会了解材料的局限性——通常情况下，也会意识到他们的想法是否可行。如果他们的项目出了问题，与其让像我这样的老师指出潜在的问题，不如自己探索，这样反而更有可能记住某个想法、交互方式或设计为什么不起作用。他们从第一手的资料了解哪些部分具有挑战性，哪些部分比预期的更容易。这些项目通常都是一次性的，但收获的是边做边学的体验。

在媒体实验室的一个学期里，我教了一门课，作业是创造可穿戴信息装备——珠宝、服装或其他装饰品，只要可以动态表达在线信息即可。其中一个学生团队想要制作一件根据社交媒体参与度产生动态变化的夹克。一开始，他们使用了一个小型气动泵，向夹克中吹气。如果有人在 Facebook 上给你点赞，夹克就会膨胀一些，就像你的自尊心一样膨胀起来。这个想法很有趣，但当他们着手制作样品时，很快意识到了几个问题。首先，气动泵有点重，需要很大的动力，有噪声，而且并非完全可以机洗。其次，社交媒体上的点赞不可靠，因而连接互联网的服装很容易造假。如果超级蓬松的夹克代表着受欢迎程度，那么直接买一件棉花糖式的夹克即可，甚至不需要连接互联网。该项目涵盖了硬件黑客技术、社交媒体应用程序接口编码、可穿戴设备及文化、服装设计和身份政治等非理工科的各项跨领域技术。作为一名老师，我认为这个技术组合过于丰富了。

在 Continuum 公司时，我们使用“灯塔计划”来帮助各家公司展望中期或长期的未来。5 ～ 10 年后，他们可能会提供哪些产品和服务？ 5 ～ 10 年后，这个品牌将代表什么？灯塔的比喻源于一句古老的格言，即大型企业就像一只大船——调整方向很有难度，但是一旦转向，它们就能在市场上展现不可阻挡的势头。与其试图让公司一点一点地转向、逐步革新现有的产品线，不如设想 5 ～ 7 年后，为公司的未来创造一个完整的愿景。这座灯塔则代表了愿景，是人们可以信任的安全港湾。目标明确之后，公司通常会意识到需要开始资助各个新的部门或获取新技术，以在未来的竞争中展现更强的竞争力。

其中一个灯塔计划就是针对玩具公司费雪的。数十年来，费雪的产品一直是塑料玩具制品，但在我们憧憬的未来中，费雪公司应该利用 3D 打印、物联网、响应型材料、投影地图等创新技术制作产品。通过一系列的研讨会，我们集思广益，反思孩子和父母眼中的重要时刻，然后将其与新的产品和互动方式结合起来（见图 5–13）。我们没有设计任何费雪公司可能营销的特定产品，而是创建了一个选项集锦，以启发他们在未来几年发明新的产品线。

图 5–13　我们为费雪公司设计的灯塔计划中的游戏体验

注：在 Continuum 公司，我们的灯塔计划为费雪公司设计了一套增强的未来游戏体验。孩子的成长触发了他们早期成长过程中具有重要意义的照片投影——他们可以以立体、有形的方式进入相册。

在我们创建的未来益学玩具的第一个场景中，小朋友使用厚实的彩色形状的元素搭成了一只和善的猫头鹰，触发 3D 针织机来“打印”她定制的毛绒宠物。下一个场景中，在光线投影的游戏室中，墙上投影显示的是电影《野兽家园》（*Where the Wild Things Are*）中的树林场景。当小朋友吃东西时，投射的光线会让他们关注某些食物，解释食物的起源及其所含的人体必需的维生素。睡觉的时候，每翻一页书都会触发新的天花板投影和环境声音作为对故事的补充。在我们看来，学习的未来应该是生成式的、参与式的，并融入我们的日常生活中，将传统的材料、常用的手势与增强体验融合在一起。

超视工具在改善学习方式和使学习平等化方面具有惊人的潜力。政府和各学区可以为孩子和老师提供内容体验的硬件和 AR 云[①]补贴，教育部门可以为 18 岁以下人士提供免费升级的虚拟信息层。考虑增强现实对终身学习的推动力，以及许多行业对员工培训的需求，政府最好加大对智能眼镜的支持力度，并为负担不起智能眼镜的成年人提供培训内容。有了如此强有力的领导力，超视眼镜和基于增强现实的学习模式将帮助孩子及成人，不仅是学习知识，还能做到真正理解周围的世界。教育将变得更具参与性，更具协作性，更场景化，更戏剧化，更具叙事性，也更具趣味性。

① AR 云，巨大的内容数据库，链接到现实世界的 3D 地图。包含物体的数字孪生、定义、手册、视频及历史层等内容的链接。

06 游戏化职场，将工作融入生活

“先往这边走，然后这边走，然后这边走。”许多工作都涉及寻路。

2019 年 9 月，我应邀到谷歌硅谷总部，参与讨论智能眼镜项目中基于手势的交互方式。会议当天早晨，我需要穿过庞大的谷歌园区，就连谷歌地图也困惑了。很快我意识到了问题所在。当我试图跟着导航走到右边的综合大楼时，我们经过了排成长队的旋转水泥搅拌车——它们在等待下一次浇筑。园区发生了变化，一座受瞩目的谷歌新城正在崛起，用来容纳这家搜索巨头的下一次迭代。谷歌渴望超越老套的横幅广告形式和推广搜索结果的商业模式。

到达会场时，我了解到谷歌已经雇用了一支庞大的团队，由硬件工程师、软件工程师和交互设计师组成，并投资了数十亿美元开发新一代 AR 头显，目标客户并非游戏玩家，而是员工——这让人出乎意料吧。

谷歌并没有尝试设计抽象的应用程序，微软在推出全息系统时犯了这一错误，谷歌则十分明智，决定为一种特定的工作而设计并制作 AR 眼镜。他们将目标锁定为建筑工程，谷歌园区里每天都在搞建筑，这也需要大量的三维空间信息。谷歌本身就是现成且有钱的客户，他们可以很容易地与大规模进行园区改造的建筑公司合作，通过超视重塑并变革建造城市的方式。

明确性和限制性助力了设计者。专注于问题的某一方面，你更有可能成功解决一个有意义的问题。对于谷歌 AR 团队来说，这种明确性指的就是工作场所的导航问题。在采访并观察许多建筑专业人士后，谷歌团队了解到在工作现场，想要在正确的时间到达正确的地点是每个人都面临的难题。它比安全、通信、文档或其他十几个潜在的 AR 应用程序都更重要。如今，查找事物常常令人沮丧且效率低下：工人们需要找到刚刚交付的材料，并且必须在周围不断变化的建筑中找到正确的位置。建筑工程需要明确的顺序：墙壁需要大体的结构，然后是管道、电气、检查、绝缘体、干墙、油漆和抛光，最后是固定装置。这些工序的协调和时间点必须经过精心安排，如果没有寻路工具，所有事情都得往后靠：团队被迫等待，进度表失效，利润率下降，材料浪费惊人。

对于协调不同工人间和不同行业间基于位置的精密安排，用于工业的超视眼镜将提供巨大的助力。这正是谷歌今天努力的方向，谷歌将其作为案例研究项目，为未来应用于更广泛的工作领域做准备。有了 AR 的帮助，管道工知道在哪里找到他们的材料，知道上午工作的优先顺序，这样他们就不会耽误电工的工作，检查人员也不会耽误绝缘体工人，干墙工不会耽误油漆工的时间安排。

建筑工地可能是 AR 导航遇到的最复杂的情况，因为涉及的工种繁多，每个工种的材料供应链，以及周围环境都在不断变化。甚至对于大多数白领人士，导航也是必不可少的。你必须在正确的时间到达正确的会议室，出席会议或是面试应聘者。在某些工作中，导航就是任务。送货人员需要考虑交通状况，清楚知道通往目的地的最佳路线；医生和护士需要快速穿过复杂的医院走廊，找到有紧急需求的病人；密切关注进展情况的管理人员需要熟悉组织中人员的具体位置，这样才能轻松地与客户和员工沟通。我们工作中都需要动态地图，而 AR 可能成为确保工作顺利的最佳助手。

跟着狐狸走：游戏化思维寻路

自从地图绘制技术问世以来，导航就好比是藏宝图：在一张平面视图上，我们自上而下地观看，X 代表着目的地。但是使用地图是很复杂的。首先，你必须根据地图的比例在大脑构建空间模型（1 ：1 000 或是 1 ：10 000），然后弄清楚自己的位置和朝向，以正确的方向和速度准时到达目的地。大型机场的地图上经常会有“从这里到某登机口需要 20 分钟”之类的提示，原因是地图的比例尺不明确及前方有大型的购物区。找人完成所有这些心算，然后跟着他们走，可能会容易得多。受电子游戏的启发，或许还受文学作品《彼得・潘》（*Peter Pan*）中叮当小仙女的启发，超视可以减少未来导航的认知负担，用户体验也会更加愉悦。

事实上，很快我们就能跟着狐狸走了。2018 年谷歌开发者大会的主旨演讲中就涉及导航的未来。大会上，谷歌时任副总裁阿帕纳・切纳普拉加达（Aparna Chennapragada）上台演示了新型大规模机器学习项目。谷歌正在训练谷歌地图对纽约等大城市的每一条街道景观进行视觉识别，这样你就可以举起摄像头，利用空间识别来进行全新模式的导航。相比熟悉的地图中用蓝点表示“目前所处的位置”，在全新的导航中，你会看到一只虚拟的红狐狸出现在面前的街道上。你在行进的过程中，狐狸就会开心地在你前面小跑，如果你没有跟上，狐狸就会环顾四周等着你。只要跟上狐狸，你就会准确到达目的地（见图 6-1）。

图 6-1　即将实现游戏化的谷歌导航

这个演示应该会让你大开眼界，不仅仅是因为技术上的壮举，也不仅仅是因为人工智能驱动的角色和虚拟化身这类游戏惯例渗入生活，还因为它对于重塑地图的重大意义。跟着一个角色走，相比在二维地图上跟着蓝点走，认知工作减少了 9/10，因为你的脑海中不需要再去将具体的建筑抽象、不需要在大脑中再建立模型，也不需要把 2D 的示意图转换到面前的 3D 现实世界中。你只要相信自己的向导，他知道要去哪里，你跟着他就可以了。如果要通过导航穿过一群开会的人，你需要自己的导游个头高、特点突出，就像旅行团领队在自己头顶上方举着标志或旗帜，帮助游客游览卢浮宫一样。与其跟着手势走，为什么不跟着长颈鹿走呢？

由角色导航只是超视赋能的电子游戏模式改变我们工作方式的开端（见图 6-2）。这一改变将影响深远，从绩效评估到工作地点和工作的方式都会受其影响。超视使可视化、数字建模和数字测量变得越来越有可能，这些数据将通过我们的眼镜和其他基于位置的投影（如会议室里的桌子）直接反馈给我们和其他人。工作是一个偏爱正反馈循环的系统，超视为输入（感知）和输出（显示）赋能，并计划采用游戏世界的视觉语言和理念来达成。

图 6-2　可供选择的带路角色

注：当你可以向世界投射任何数字信息时，虚拟风格和现实风格将任你选择。很明显，左一图中的平面二维风格将会更明显，因为它与现实世界区别更大。

通过这种方式，工作的世界和游戏的世界正在发生碰撞和融合。通过超视，数字化、问责机制和“可计数性”的整合将加快速度，这将对我们所选的工作、我们同他人的合作方式及我们获得酬劳的方式等产生影响。

让我们紧随狐狸，看看这一转变带来的重大变化。不如我们就从游戏化开始吧。

跟着积分榜走，以激励改变社交

几年前一个舒适的夏夜，我和家人漫步在波士顿后湾（Back Bay）的联邦大道上。黄昏时分，当一群人像野牛群一样从我们身边掠过时，我们感到不安和惊慌。这群人多达四五十个，不太像是在参加单身派对；他们走得很快，也不像是政治抗议。这也不是纯粹的跑步比赛，因为他们或慢走，或加快步伐，绕来绕去，我还能听到他们聚在一起商量制定策略。他们队形紧密，整齐移动，所有人都手拿智能手机，每隔几秒钟就聚精会神地盯着屏幕看。

这是什么情况？我问了一个掉队的成员。有人喊道：“快看，是梦幻（Mew）和超梦（Mewtwo)！”

我终于明白了，他们在玩《宝可梦 GO》，一个令人上瘾的寻宝游戏，你需要寻找并努力捕捉遍布世界各地的游戏角色。我的儿子刚刚度过痴迷宝可梦卡片收集的阶段，所以我认得“梦幻和超梦”是宝可梦游戏世界中的两个罕见且难以捕捉的角色。显然，有人在他们的波士顿地图上发现了这两位，而这些游戏爱好者正在增强现实中寻找它们，以获得重要积分。

看着这群陌生人沉浸在追求共同目标的狂热中，我意识到游戏的力量是多么强大。在这种情况下，游戏化不仅仅能在天黑后让公园恢复活力，还可以激励参与者共同努力——在参与的过程中不仅能得到大量的锻炼，还能了解所在的城市及其历史。

游戏的好处不仅仅是娱乐，游戏化可以成为一种有效的心理激励工具。游戏机制迎合了人类对竞争、社交、掌控、地位、自我表达和尘埃落定的渴望。研究表明，这些技术刺激了我们大脑中的某些神经结构，带来了表现更好和满足感更强等可预测的好处。随着人们逐渐意识到这些心理工具的影响力，它们被越来越多地应用到营销和商业领域，如飞行常客奖励计划、唐恩都乐（Dunkin）的忠诚卡，以及爱彼迎的声誉评级。

想象一下，游戏中的概念，如积分、等级、徽章、运气等，是如何侵入我们的社会关系、电子商务交易及媒体观看方式的。我们已经习惯了给自己的生活经历打分和排名（例如，给我们的优步司机打分或在点评网站 Yelp 上为最近一次的就餐体验打分），并依靠他人的评分做出自己的购买决定。不仅如此，我们还沉迷于被回赠 5 星后所分泌的多巴胺带来的愉悦感。游戏化已悄然渗透到多数社交互动和关系中，成为 Instagram 发帖、转发、点赞、好友数量和被关注数量的关键，所有这些都成了受欢迎程度的代名词。

作为社会性动物，我们受到啄食顺序[①]和社会比较的驱使。当我教授一门课程时，第一步就是设置一个系统，允许学生在提交作品时能看到对方的作品（见图 6-3）。这刺激了他们的社会比较属性，比我的任何鼓舞人心的演讲都更能激励他们变得更具创造力和创新性，他们甚至会熬夜学习新工具及精心打磨自己的作业。不再需要我激励他们，他们会互相激励。这种驱动力自然而然，特别是当

① 也称啄序。指家禽中的基本社会组织模式，在这种模式下，每只家禽都可以啄咬另一只地位较低的家禽而不担心被报复，同时也接受地位更高家禽的啄咬。——编者注

我进行评论、评级并鼓励其他人效仿的时候。

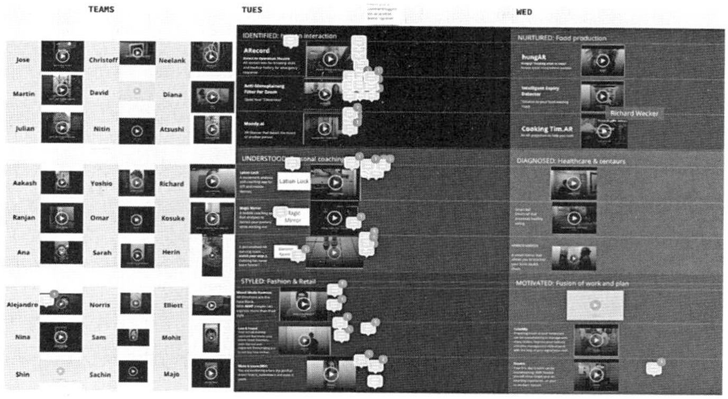

图 6-3 允许看到其他学生作业的在线协作工具 MIRO

注：用于在线教学的社会比较游戏机制。在哥本哈根交互设计学院最近的一次课堂中，27 名硕士生参与其中，个人作业和团队作业被张贴在在线协作工具 MIRO 上，这是一种允许所有人观察他人正在进行的工作的无限画布。

游戏机制中，对我们始终有激励作用的就是排行榜。当我们看到自己与他人处在比较中，或者甚至在与自己最好的纪录比较时，我们会用尽全力想要提升排名。即使是像家务活列表这样平淡无奇的事情，我们也想超过列表上的下一个懒虫。一旦超视实现对我们的每一个动作和每一个举动进行捕捉、记录和分析，且进行起来轻而易举，这种本能就会大显身手。

对于大数据和行为经济学中流行心理学概念的关注，使得支持游戏升级机制的积分系统即将席卷职场。游戏中的星级、徽章和等级等视觉词汇将与企业中的关键业绩指标考核和投资回报率衡量标准结合，监督的任务由超视完成。一次次谈话，一场场会议，我们的工作经历就像电子游戏一样，每个人都能看到彼此的进度条填充及“待升级所需的分数”。

以目标为导向的商业管理方法旨在明确目标、量化目标，即使它意味着为本不可计数的内容创造计数单位，如出勤、信心、善意与参与度。在游戏中及在纪律严明的组织中，系统为玩家明确短期任务，并使其可量化，无论是用火矢击败地牢的大怪兽，还是职场中通过达到销售目标赢得老板的赏识。鉴于彼此的兼容性，游戏化已被引入职场来量化员工活动、刺激员工主动性，并推动公司目标的达成。

其中一个例子就是微软 Outlook 每周计算“专注时间”总小时数，然后以饼图的形式呈现给员工及经理，这听起来很荒谬。微软当然也意识到了自己的自以为是及权限的局限性。例如，淋浴时我也全神贯注，但是微软（目前）无法做到监控脑电波。但随着数据来源的增多，包括智能手表、手机应用程序，以及数字化模拟活动的摄像头，如员工用 2B 铅笔勾勒想法，衡量“专注时间”的准确度将会提高。

曾经用于监视服务器性能的数据仪表盘，现在用来提供人员绩效评估指标，如敏捷编程团队的“冲刺速度”，以及电子邮件时间与会议时间的对比。随着传感器的使用范围越来越广，监控越来越多，数据仪表盘反馈循环中的经理信息层也在不断扩展。所有这些员工数据让经理们眼花缭乱——仪表盘开始让人感觉像是有趣的飞行模拟器，有奖金开关和招聘计划转盘。但对于那些受监视的人来说，数据中的许多内容都离题了：网络双向转发检测（BFD）？我没有获得网络安全培训徽章；公司聘用我是因为我的批判性思维能力和我的高质量想法，而不是关于电子邮件安全的人力资源培训。若要使游戏化真正具有建设性的意义，公司需要针对正确的指标进行衡量与激励。

销售是量化程度最高、竞争最激烈的工作领域之一，经理们会使用销售指标、共享白板和销售铃铛来激励自己的团队。超视的投影毫无疑问将强化这些机制：当销售人员完成交易时，新客户的名字和面孔就像气球一样飘在他们的头顶上方；新闻机构的作者后背上可能会显示当天写作的字数，或者在肩膀印上浏览数据；

经理们可以选择用军队风格的肩章来表示他们本季度的损益情况。当然，办公室中的游戏化指标变得越来越明显，显示在办公间、办公室门上，甚至在全体大会上通过超视眼镜呈现在所有人面前。但它们也有可能获得“红字般的”（Scarlet Letter-like）破坏性力量，并且给工作场所带来更高水平的焦虑和竞争强度。

游戏化带来的动力是毋庸置疑的：**问责制、透明度及个人、团队和组织更卓越的表现。**但是，“游戏化效应”的研究人员发现，虽然一些人对游戏化中出现的积分、运气及可能带来的奖励和认可持积极态度，但是被经理跟踪具体业绩时，有些人会感到压抑。对他们而言，衡量制度会引发焦虑和恐惧。

游戏化可能会降低严肃问题的正式程度，强化竞争思维，并破坏纯粹的热爱和内在的动机，这种担忧也很合理。人力资源被迫接受培训，获取反歧视培训徽章，这种做法是否会把追求完善、包容的过程游戏化，而不是将其作为值得终生追求的目标？过于强调外在的奖励可能会破坏内在的动力。

我们所面临的设计挑战是如何使有意义的工作更具娱乐性且更有益处，并向那些胜任的人提供真正意义的积极反馈，而不是通过这些工具进行社会控制。如果我们不够谨慎，提供动力的初衷就会变成某种程度的电子马鞭。

通过基于计算机视觉的游戏化来改善我们工作状况的关键就是，根据研究构建最有效的游戏元素：

- **关注可获得的胡萝卜，而不是大棒。**相比憎恶，积极偏向反馈（positive-bias feedback）可以提升善意和忠诚。
- **加入高频率的升级或终点线机制，并确保它们的合理性。**人们至少每隔几周需要一次积极反馈，也需要确定某些目标的截止日期——但这些不能仅仅是成就展示。

- **将信息投射到环境中，而不是隐藏在应用程序中。**AR 的神奇力量之一就是让数据变得无处不在，如果你希望通过日常信息改变日常行为，这就是关键。
- **在社会比较中，比如排行榜上，把同一办公室或同一团队的人放在一起进行比较，而不是同毫不相识的人进行比较。**竞争对手来自身边，会让竞争变得更有动力。
- **在显眼的地方展示空间信息，如入口大厅，以彰显公司价值观的人物和故事为特色。**经常性地更换故事内容、聚焦新面孔。

我打电话给孩之宝玩具公司的终身游戏设计师黛安娜·肖赫特（Diane Shohet），问她如何把工作和电子游戏融合起来。让我们来看看专家给我们提供的设计理念吧。“游戏设计者通常会加入‘追赶’机制，这样游戏中远远落后的人也不会丧失信心或失去动力。”她指出。她用儿童棋盘游戏《滑道梯子棋》（*Chutes and Ladders*）来阐明这一点：“即使你远远落后，也有机会落在梯子格上，然后超越领跑的人。”从这里我们学到，游戏需要定期“重置”，这样员工就可以重新开始，重建他们的声誉积分，或者在每个季度完成指标时重新开始。如果没有这个重置功能，表现不佳的员工就会像处在种姓制度中一样被锁定级别，而表现好的员工就可以永远依赖之前的声誉，无须进一步努力。不管是哪种情况，游戏化的动机效益都将丧失。

打造增强办公室

今天，排行榜和其他在职场运用的游戏化概念往往是老生常谈、华而不实和笨拙的，且大多是事后诸葛亮。我们如何巧妙地使用反馈来鼓舞和激励员工，并同时让他们感受到尊重呢？

电子游戏为初学者提供了过程指导和新手提示，而且算法也只在需要的时候才会起作用，确保他们始终处在正确的道路上。使用同样的策略，办公室中特定的工作信息应该尽可能在时间和位置上与任务接近。在工作中，这些增强体验的设计挑战通过呈现环境信息来精益求精。

精益求精之路就从理解眼睛如何扫描场景以获取信息开始。虽然大多数人相信人类拥有全景视觉，但其实眼睛一次只能看清世界的很小一部分；大多数受体细胞都聚集在眼睛后部的一个叫作中央凹（fovea）的小块区域里。由于中央凹的视野非常狭窄，所以我们依靠眼部扫视和头部运动来收集信息，这些信息在大脑深处被拼凑在一起，形成连贯的场景。

理解扫视的原理对 AR 耳机和 AR 投影有重大意义。如果你知道某人在看什么——这用眼动仪很容易了解，你就可以使用所有的计算资源以尽可能高的帧率渲染小中心凹视图，并且对于该区域之外的像素和细节运用更少的渲染资源。

在狭窄的中央凹视锥区域外，眼睛并非什么都看不到。相比细节信息，眼睛只是更适应于处理图案和运动。为这个 180 度全景舞台设计信息实在是一个难得的机会。全世界，以及工作场所的每一个表面都好似一张画布，人们可以在画布上呈现环境信息。

我第一次了解环境信息是在美国欧柏林学院参加认知心理学课时，我在攻读研究生学位前在那里工作了一年。在编写意大利语学习软件和与剧院部门合作为现代舞制作响应式布景的过程中，我接触到了前注意加工（pre-attentive processing）[①]，这一概念改变了我的研究生涯及创业生涯。

① 前注意加工，一种感知现象，大脑在不到一秒钟的时间内同时解释几种类型的抽象信息，且不产生任何递增的认知负荷。

认知科学对前注意的研究表明，有一系列视觉现象是我们的大脑在非常低的水平上进行处理的，速度很快，通常不到 250 毫秒。而且在处理这个过程的同时我们还在进行其他的任务，这对我们的认知功能也不产生任何影响。数字和文本信息需要我们“真正”的关注，因为它们相对来说需要我们的大脑处理非常长的时间。然而，其他视觉信息，如颜色、形状、图案、角度和运动，我们会对其进行前注意加工，而这不会增加认知负荷。

了解这一点对我而言无疑是一件让人欣喜之事，同时它也给今天的 AR 设计师提出了一个基本的问题：“你会在他人的视野中显示哪些有用的信息，使其既能提供背景相关信息，又不会分散他的注意力？”如果人类的注意力是最稀缺的资源，那么尊重人们的时间和精力的最好方法就是让信息变得清晰明了。

我当时意识到有大量的环境信息显示等待着被设想和应用，于是我在接下来的 10 年里在我的公司 Ambient Devices 从事相关的设计工作。我们开发了前注意显示设备，如 Ambient Orb、Ambient Dashboard 和 Ambient Umbrella。这些设备及其他类似设备上的视觉指标会全天跟踪数百种动态信息：股票、天气、公司指标、步行步数、血糖水平、下次会议倒计时、下一班车到达时间，以及数百种其他信息，所有这些信息都表现为颜色、图案、角度、大小、高度、速度和声音的细微变化。

我们的任务是提供细节信息，并在最小限度分散注意力的情况下，来帮助人们做出日常决策：发光的门把手表明屋内有人在睡觉；节能信息显示在靠近电灯开关的地方；如果预报下雨，你的惠灵顿长筒靴（Wellington boots）会被照亮。如果你现在想成立一家类似的环境信息公司，就不用再制作专门的物品了，取而代之的是，你可以通过数据投影来放置环境信息，或者利用佩戴者的周边视觉，在眼镜架的边缘显示提示信息。

环境信息投影在工作中的应用非常广泛。例如，当你处于工作模式时，可以在办公桌上投影一个橙色的天花板，向其他人表示你不希望被打扰。或者在地板上画一个绿色的圆圈，圈住午餐时你需要与之聊天的对象，以防遗忘。

在 Ambient Devices 之后，我成为国际建筑公司 Gensler 的学术研究员，该公司以职场设计闻名。他们刚刚完成了 Facebook 园区和 Pinterest 园区的设计，并对将公司和团队指标融入办公场所的建筑感兴趣。通过与客户关系管理软件服务提供商 Salesforce 的客户团队合作，我们发现，在一系列工作场所问题中，游戏化和环境信息显示可能会发挥作用。我刚读完了苏珊·凯恩（Susan Cain）的《内向性格的竞争力》（*Quiet*）一书，书中提到，在每个组织中都有内向性格的人和外向性格的人。你希望内向性格的人可以分享他们的想法，但是长时间以来，他们都被外向性格的人压制了。团队和组织由于这种信息共享不对称而遭受损失。受到这个问题的启发，我设计了一张具有增强功能的会议室桌子，它能够帮助内向性格的人获得更多的发言时间。

平衡桌（The Balance Table）看起来与普通的办公室家具无异，但实际上是一个实时的环境反馈设备，可以帮助所有与会人员查看过去的 7 分钟里谁发言了（见图 6-4）。当有人发言时，微弱的灯光会出现在说话者面前，并逐渐变亮（见图 6-5）。协作会议中，长时间发言的人只需向下扫一眼，就会注意到增强的光线，假如他们有足够的情商，就会停下来把时间留给其他人发言。如果你之前很安静，想发表看法，你就会大胆发言，有时候可能需要打断其他人，因为会议室里的每个人都能看到有些人发言时间过长了。

平衡桌是增强功能产品在职场应用的范例之一。但是超视眼镜因为了解你面前哪些地方是空白的，就会用有用的信息给办公室里的更多表面增添活力：地板、天花板、门把手。给你的提示可能被巧妙地放在会议室里参会人员的后面；队友的情绪状态可能会通过不同的颜色来表示，那么你在谈话中就能更加游刃有余；软件开发团队可能会通过投射的任务卡片，如墙上的便利贴，一目了然地看到你的编码进展。

图 6-4　Tellart 公司的员工在制作平衡桌原型机

图 6-5　平衡桌基于发言时间来决定发光亮度

注：平衡桌通过数据增强会议室，确保发言机会的公平性。

设想增强现实的未来时，人们倾向于想象把数据投射到静态表面上。但是也不要忘记运动着的物体：正在打开的一扇门，走在你前面的行人的后背，你拿着的物体，或者你处在运动中的身体。在通往会议室的路上，可以使用地板预览客户的名字和面孔，并显示他们最近情绪的“温度”。如果会议室里正在进行演讲或产品展示，门上可能会贴上黄黑相间的警告胶带，或者墙上可能会闪着红色的“直播”字样。

迷宫般的办公室里，寻路方式也会发生改变。一个向量会告诉你下一个会议地址的方向，长度与你准时到达所需的移动速度成正比。当你提前到达会议室时，还可以在墙上或桌上显示你的讲话要点，还有那些即将参会的人员的名字和外貌，并配备每个人预计要问的问题，以备不时之需。

我的朋友、摩托罗拉的前执行副总裁莉兹·奥尔特曼（Liz Altman）最近打趣道：“细碎的播放时段中隐藏着巨大的机会。”她是指，打电话前、乘电梯时、小憩时及吃零食时的时间空隙，都为增强现实将准备线索或可视信息叠加到环境中提供了巨大机会。

环境信息可以帮助我们最大化地利用这些时刻，但现在还有另外一个超视应用程序可以消除空隙时间，即和转换工作或场所相关的时间。

AR 新技术 SUPER SIGHT

在现实世界中锚定内容

在虚拟现实中，软件开发人员可以在遮光的头戴式视图器内的完全模拟世界中“放置”内容。有了 AR，除了模拟内容，你也可以看到真实的世界，所以智能眼镜需要精确地知道内容放置的位置，才能更好地与自然场景互补。因此，超视必须先感知世界、感知光线及现实中的物体，才能相应地缩放、遮挡（occlude）[①] 及放置这些数字元素。

软件开发人员在将数字内容锚定于现实世界中时有几种选择。他们可以使用明确的视觉标记，如二维码、水平面或垂直面，或者 GPS 定位。每种方式都有不同的用途和特点。

1. 图像锚定（image anchor）[②] 是一种很好的尝试。这种锚定将现实世界中的 2D 图像，如书籍封面、杂志广告、办公室的印刷标志、广告牌或建筑立面等与数字内容联系起来。

2. 如果你想让内容“着陆”于水平面、垂直面或是半空中的平面上，比如地板上的家具、墙上的艺术品或桌面上时，平面锚定（plane anchor）就能发挥作用。

3. 正面摄像头通常使用人脸锚定（face anchor）在脸部周围建立 AR 体验。社交媒体过滤器和苹果公司的 Animoji 中可以看到此类技术。

4. 实物锚定（object anchor）通过检测并围绕真实世界中的 3D 实物对象来构建体验。这种技术可以用于将 AR 内容锚定到雕像、仪器、工厂地板上的机器或其他具有独特形状的物体上。

5. 周围世界锚定（world anchor）使用各种传感器组合来将数字内容投射于户外空间，如天空、田野、湖泊、城市公园或山脉。GPS 信号可以定位你的位置，误差在几米以内；如果你的位置处于 5G 手机塔的范围内，位置信息会更准确。苹果、谷歌和微软等一些地图平台也具备充足的“街景”数据，根据出现在你面前的建筑类型或场景，相机可以准确识别你的位置。

---

① 遮挡，AR 系统的重要特征，使现实世界中的物体可以出现在投影前。这要求字符或信息出现在物体后面，例如，椅子后，或者窗户的另一边。

② 图像锚定，指作为基准点触发 AR 体验的任意图像，如二维码。图像锚定还提供规模和方向。

这些空间锚定（spatial anchoring）[①] 技术很关键，使我们能够进行定位并始终将信息固定到周围世界中。你可以在会议室的门上留下一张虚拟便利贴——第二天回来的时候，你知道它还会在那里。

远程协作，比在场还真实的在场感

在电影《王牌特工：特工学院》（*Kingsman*：*The Secret Service*）中，主人公戴上他的远程呈现眼镜去参加虚拟会议——这个会议比你平常参加的 Zoom 会议要酷得多。在金光闪闪的会议桌旁坐下后，他就能看到其他特工，每人都被远距离传送到各自的座位上。

董事会成员通过远程呈现的方式参会，我一直对这种想法感到好奇。为什么参会人员都必须穿西装三件套呢？或者这些服装也只是虚拟的？为什么会议桌要有正式、具体的座位安排呢？他们打算一起用餐，所以需要一个地方来摆主菜、沙拉盘、汤和酒杯吗？如果有能力进行远程传送，为什么不选择在话题所涉及的地点见面呢，比如你正在讨论的建筑工地，或者你即将使用超能力闯入的建筑，或者火山顶部或跳伞现场，岂不是更好玩？那发光的绿色半透明图像又是怎么回事呢？我们知道其他人实际上并不在现场，那么全息图像就得闪着绿光或是蓝光，时刻提醒周围人他们是"全息图像"吗？ 40 多年前，电影《星球大战》中的莱娅公主（Princess Leia）通过其蓝色影像发出求救信息："救救我，欧比旺·克诺比（Obi-Wan Kenobi），只有你才能救我。"蓝色影像由尽职尽责的机

① 空间锚定是一种 AR 技术，可以将数字内容定位在精确的位置。例如，用于定位房主院子中可持续景观设计的 GPS 坐标或视觉特征，或为划船者提供湖泊和沿海水域的水下地形图。平面锚定与之不同，平面锚定用于将虚拟内容定位在任何墙壁或地板平面上。

器人或多功能工具 R2-D2 投射。电影中的星球大战发生在很久以前的一个遥远的星系里——难道我们在全息图像方面真的没有取得新的进展吗？此外，我们喜欢待在有人的地方，不仅仅是为了面对面地看到对方，原因要更微妙一点。我们观察人们互相交流的方式，以及人们如何审视和进行回应，从中汲取营养。我们想知道，哪些特别的事物激起了他们的兴趣和好奇心？

一个名为可视板（ClearBoard）的项目帮助解决了这一“注视”问题。当它的创造者石井宏初到 MIT 时，他因远程协作领域的研究而闻名。他很想知道，如果视频会议中双方都在创造新的内容，而不仅仅是交流现有的想法，那么会议会变成什么样呢？这个项目进而也给我带来了启发，尤其是经历了 2020 年不间断的 Zoom 会议之后。

可视板其实只是简单的玻璃板，供远程合作双方使用。每个人都可以用记号笔标记，或者把文件放在这块玻璃上——同时他们也可以透过玻璃关注到另外一方（见图 6-6）。这一功能使得异地的双方可以共同绘制图表或者完成文档。相比以往只能看到对方的脸，或是看到对方的文档（就像通过屏幕共享，或者通过 Google Docs 进行协作时一样），现在他们可以通过屏幕看到对方的空间，就像看一块普通的玻璃板一样。新颖的是，他们手头处理的图像是可以翻转的，所以双方都可以进行阅读。还记得电影《美丽心灵》（*A Beautiful Mind*）中约翰·纳什的扮演者罗素·克劳（Russell Crowe）在窗户玻璃上写方程式的场景吗？想象一下，如果玻璃的另一边有另外一个人（数学天才单独出售）和你一起进行创作会怎样？

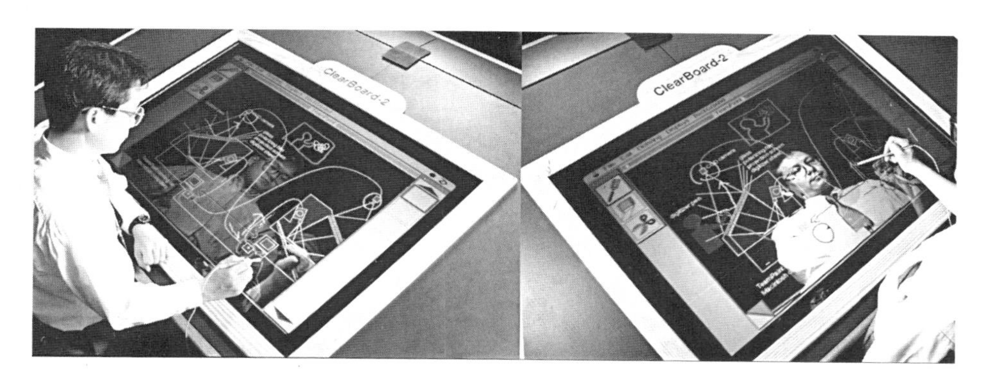

图 6-6 允许面对面协作的可视板

注：图中的可视板由石井宏在日本电报电话公司（NTT）实验室时开发，双方可以在同一张画布上进行面对面协作，并能透过图表或设计草图看到对方。

石井宏的研究中，一个最有趣的见解是，大量的交流是通过注视向量传送的，即从某人的眼睛延伸到关注对象之间的一条想象的线条。远程会议很无聊，因为你无法观察到人们的注视向量。你看不到别人在看什么，也无法观察他们所关注的信息。这种视觉不连通导致了现在普遍存在的 Zoom 疲劳症。

如果你发现我在看某样东西，它吸引了我的目光，那么你就会意识到我一定对它感兴趣，即使我什么也没说，也没有指着它。当我微微一笑或快速扬起眉毛时，尤其如此。相反，如果我观察到你皱起眉头，目光移开，你的表情揭示了很多内容。对参与双方而言，整个过程都是下意识的，时间以微秒计。在同一个房间面对面时，我们之所以能够进行有效协作，就是因为可以看到这些眼神、目光停留的瞬间及相关的微表情。

考虑一下其他通过屏幕无法完成，需要面对面共同商议才能做出的决定。例如，你是否曾经在租房子或买房子时，视频邀请你的同伴一起参观？大部分时间他们看到的只是你的脚，而不是浴室里漂亮的瓷砖。但是，当你们肩并肩一起参观未来的新家时，你就有机会看到你的朋友朝某处瞥了一眼，然后你就可以立即收集信息、引导对话、解决他们的担忧，更加聪明地应对。

如今，视频会议系统可不提供这一功能。我们通常有两种选择：观看对方的脸，或者观看对方所看的内容。然而，在大多数情况下，更有用的是能够同时看到这两种情况，而不必切换视图。这也是新一代空间远程呈现技术追求的目标——“你好啊，利娅（Leah），你绝对猜不到我正在看什么！”“啊，你也能看到啊！”

李镇河（Jinha Lee）是我以前的学生，也是石井宏在 MIT 的学生，他最近创办了一家名为 Spatial 的公司，专注于远程呈现技术，他们的产品实现了将多人传送到同一空间这一效果。每个参与者都需佩戴 AR 眼镜，或者使用平板电脑、手机或台式电脑，通过这些设备他们可以查看共享空间——可能是一个团队工作室，四周的墙上排列着便利贴、草图、效果图或工艺设计品，中心有一个 3D 物体，像是产品设计模型或汽车模型。如果其中一人改变了他们面前的对象，那么每个人面前的对象都会改变。最重要的是，因为每个人都能看到其他人的 3D 图像，参与者可以观察其他人在看什么、在做什么，或者说话时在做什么手势。

Spatial 使平面的演示文稿成为过去（见图 6–7）。它支持多人创作和编辑，可以在空间发布想法，并像任何现实世界中的便利贴式研讨会互动一样可以让人们聚集在一起。此外，它还有“声音搜索”功能，你可以冲着手低声讲话，讲话内容的图像就会飞出来，落在墙上。因为你是 3D 的，所以你可以将 3D 模型或动画拖动成任何大小。

图 6-7　Spatial 通过 3D 生成人像为每位参与者创建共享的沉浸式体验

你也可以选择将参与者显示为 3D 人像，就像在电子游戏中一样。系统则通过面部扫描快速完成每位与会者容貌的建模和制作，这样每个人都拥有 3D 成像、位置、他们面对的方向及一组可观察的手势。这样做意味着每个人都可以看到其他人的活动，这同 Zoom 会议中只能看到人脸是截然不同的体验。

3D 具身技术的实现是远程呈现技术的关键所在，它可能最终会减少我们飞往世界各地寻求有效合作的需求。如果我们能看到别人，看到他们的工作，看到他们的微表情，并及时地观察到微表情所朝向的对象，这将从根本上变革我们工作的方式。效果就如同在世界另一端的会议室里一样好——甚至会更好，因为你不必再去承受健康风险、忍受时差、忍受糟糕的飞机食物及不再向大气中排放二氧化碳。

在共享的数字空间中工作也利用了空间计算的技术，这让我们在空间和时间上可以适当地缩放我们的工作。如果你能把事物变大或变小、变快或变慢，许多种类的工作都会变得更加容易。如果你是漫威电影宇宙中的蚁人（Ant-Man），新引擎的设计检查会更容易，而考虑交通流量的城市规划者会希望自己能变成飞翔在千英尺高空的老鹰。

超视使我们能够创建终极协同设计工作室。例如，我一直想拥有一个自带记忆功能的项目工作室，让我可以理清时间轴，或者看到项目进度的延时视图。想象一下，当所有贴在墙上的便利贴、图表、草图和效果图都被附在相关的辩论和对话中。点击草图，就可以看到讨论中引发草图灵感的最显著要点的全息投影图像、该草图所希望详细阐述的想法的微型展示，以及客户反馈信息层。如果团队成员或是客户离开项目几天，超视支持的团队房间可能会聚焦变化之处，以及哪些工艺品受大家关注最多。

这种虚拟协同工作技术开辟了协作的一系列可能性。例如，最自然和亲密的互动发生在正式会议之外。我最近参加了位于佛蒙特州一座雪山的活动，投资者提供电梯票，让企业家可以互相交流，并在一起乘坐电梯上山时进行一次或多次为期 4 分钟的推介活动。固定时间的交流可以让人在轻松的场景下迅速了解一个人，这是一种坐着椅子的快速职业会议，它融娱乐、社交、锻炼、工作与自然为一体。这就是我希望自己未来工作的样子：更多的滑雪会议。

超视如何帮助我们实现这些愿望呢？在处理工作中的任务时，如果需要他人的专业知识或帮助，我们可以选择让别人进入我们的视野。我们不再需要刻意安排会议时间，也无须等待，而完全可以在吃点心、排队或散步时，突然进入或退出短暂的远程呈现会议。演讲和站立会议将变得更加流畅、随意，也更具及时性。

如果能轻松地实现远程传送，工作会变成什么样子？如果有选择的话，很多人都不想每天乘坐地铁或采用其他方式通勤，他们希望大多数时间都能在更愉快的地方工作，就像数百万人在新冠疫情期间学会的那样，或者像数百万残疾人被迫做的那样，因为会议组织者经常忘记准备无障碍舞台和讲台、活动空间或社交场所。

尽管如此，对于高强度的设计协作，或者对于以社交为首要目标的会议会面，面对面的交流是不可替代的。连通的便利性也有不利的一面：一旦我们临时把断断续续的会议无缝地插入原有的日程安排中，参会人越来越多，项目也越聚越多的情况下，我们如何区分专注时间和休闲时间？如何区分个人生活与工作？

永远在线，工作 – 生活界限逐渐模糊

到目前为止所描述的体验正逐渐融入工作，在心理上与工作难以区分：**虽然我们不在工作中，但我们一直在关注工作。**对于工薪阶层来说，工作和家庭之间“场所性”的差异会越来越小，因为心理上我们可以越来越容易地在工作和不工作之间进行无缝切换。有了远程传送，工作和休闲之间的界限将比现在更加模糊。你已经把工作装进口袋带回家了，很快你就可以通过佩戴的超视眼镜看到带回家的工作了。

工作和家庭的界限即将不复存在，我知道这种说法有点反乌托邦，但是远程呈现技术的每一次进展都会将社会进一步推下滑坡。让我们面对现实吧：无论如何，一旦你完成了“工作”，你可能还是会继续工作。所以为什么不使用整个房子，而不只是你的笔记本电脑呢？如果你是一位城市规划师，也许你手头的计算机辅助设计图变成了客厅的地板；如果你是一名商业插画师，也许你的走廊里有客户项目的投影。在操场上和孩子一起玩耍时，与其时不时地检查手机上的

Slack 管理软件，倒不如让重要的通知在儿童攀爬架周围弹出，或者出现在足球球门上方的天空中。超视将为我们提供新的选项，让我们可以将工作对话和任务融入当前环境中，无论何时，无论何地。

反过来也是正确的：与其把你的工作带回家，倒不如把你的家庭生活融入工作中。会议间隙，你不再需要使用笔记本电脑查看孩子在学前班的视频推送，而是可以将它们投射到团队房间的墙上，这样你和同事们就可以看到各自的孩子在旁边玩耍，而狗狗们则通过远程传送惬意地躺在各自主人的脚边。

孩子和狗都在办公室，而你的办公室在家里，我们将不再需要关注场所并以此来调节自己对“项目”的专注度和注意力。我们会根据上卫生间的频率查看自己的工作或家庭，切换和变化成为常态。同事会更好地了解你的家庭及你的压力所在，你的伴侣会更有能力帮助你解决工作问题，你的孩子也能生动地描述你一整天的工作内容。

当投射的现实将工作融入家庭并将家庭融入工作时，人们如何判断其他人什么时候“上班”或“下班”，并根据具体情况进行互动呢？你看到自己面前的人眉头紧锁，处于深思模式时，很明显现在不是轻拍他们肩膀的时候。如何确定其他人何时可以打断、何时不能打断，是团队合作中面临的最大的挑战之一。未来，我们总是在工作状态中进进出出，与伴侣和孩子的互动更加频繁，找到合适的“拜访”时间变得至关重要。远程工作时，我们如何实现临时的互动和计划外的协作呢？

我们每个人的生产力曲线不尽相同，并随着时间段、情绪、天气及恢复性睡眠的时长等因素的变化而变化。你如何推断某人是否可以打断呢？虽然目前的许多通信应用程序都有状态切换的功能，但大家不经常使用，因此这些状态往往不受重视。然而，使用超视可以自动感知他人的状态。你的眼镜将使用眼动追踪来观察你是处于专注的心流状态，还是实际上你需要聊天带来灵感而且与朋友的电话交流可能会让你受益。当然，这种状态信息可以在 Slack 中显示在你的名字旁边，但它也可以被渲染成一种可打断性指数光环，表明你是否可以接受对话，就像纽约出租车的顶部标明它们是否可以载客的标志一样。

一旦框架建立，它还将进一步支持空间计算使之成为可能的临时虚拟互动。如果你需要消遣或是空闲时间，系统可以把你和其他在饮水机旁寻找人聊天的人联系起来、提醒你应该联系某位导师，或者提醒你某个项目需要你的帮助，你可能想参与进来。否则，你只会用空闲时间浏览 Instagram，那你不妨让空闲时间更有效率。当你已经分心时不要着急集中注意力，用这些时间做些有价值的事情吧。这样的系统还可以让我们更容易地与大忙人取得联系。每个人都有休息的时间，有些人只是不知道什么时候休息。

当然，丧失休息时间也有不利的一面。美国文化似乎特别崇尚多任务、时间管理严格、高度优化的生活方式，这种生活方式旨在从每一个空闲的时刻中挤出生产力。微软研究员琳达·斯通（Linda Stone）将此称为持续的局部注意力问题（continuous partial attention）。当我们无法全神贯注时，我们在工作中的表现就会受到影响，人际关系也会受到影响。智能手机已经破坏了人们的持续注意力。今天，人们可以时不时地看一眼手机，这已经成为常态，在我们生活中无处不在，只要稍微闲下来，我们就会拿起手机。大多数人乘坐电梯的时间也离不开手机。但是，如果你不是用手机在 Candy Crush 游戏中过关，而是选择去强化社交联系，比如给你妈妈发一件马可波罗品牌的服装呢？你甚至可以根据自己所处的空间建立松散的日程安排机制：你可以编写代码，使每次按下烤面包机按钮时，系统都会为你随机联系一位海外朋友，或者在你躺在自动驾驶的汽车中放松地通勤时，系统总是为你联系你的女儿。

超视有可能重塑我们的工作方式。如果选择正确的设计，它可以重新安排关系的优先级、过滤分心的事物，并告诉别人我们正处于心流状态而且在接下来的 17 分钟都没有时间，但希望在此之后可以将自己传送到他们的问题区域，或分享峰会现场的情况。正如我们在第 2 章讨论的那样，因为超视可穿戴设备可以感知更多的内容，它们将更加了解我们的情绪状态，当彼此需要时，它们可以鼓励我们和家人进行社交或是共度时光，或者只是让我们享受片刻的喘息和快乐时刻，让我们更有人情味、更加健康。它们也将从生理层面、社交层面及心理层面指导我们更好地工作。

SUPER SIGHT

第三部分

投射未来，让世界变得更美好

部分导读 SUPER SIGHT

现在，让我们进一步研究空间计算如何影响更大范围的社会议题：公共卫生和安全、消防和其他急救工作，以及城市规划者如何进行沟通和征求社区反馈等。我们将面对关键的准入问题，并将在能够清楚地看到未来的情况下，探索如何让世界变得更美好。

07 疾病诊断，未来不再需要医生

我爸爸罗斯医生有许多天赋，其中之一是能够进行远距离诊断，他可以通过肤色识别出肾病患者，通过面部比例和对称度识别出患有遗传疾病的儿童。有一次，我们在餐馆里就餐，一个步态古怪的家伙从我们身边走过。我爸爸朝他点点头，低声对我们说："看到那边那个家伙了吗？他患有疱疹。"

我十分震惊："你怎么知道？他离我们将近10米远呢！"

"看他落脚的方式，那就是疱疹标志性的副作用。"

如今，得益于技术的进步，我爸爸进行的疾病识别可以经训练而由深度学习神经网络代劳，通过对照片、热像仪、放射扫描和短波雷达的视觉分析来诊断多种疾病，不仅仅是肾病或疱疹，还有皮肤癌、青光眼、神经疾病等。有时，这些诊断可能需要专门的摄像系统，但在其他情况下，你家里的摄像头、智能眼镜和城市街道上的摄像头就足以识别和诊断疾病，根本无须医生探访。

在新冠疫情期间，无接触诊断的必要性更加凸显。突然间，每个国家、交通枢纽和聚集地都需要制定相关政策和流程来确保顾客和员工的安全，增加顾客信任，确保政策得到执行。一些国家开始在机场、超市和诊所外安装温度传感器进行筛查。随着疫苗推向市场，许多国家结束隔离和封锁，与此同时，许多聚集场所也在寻求在人员进入之前如何进行被动、无接触、自动的健康检查。

数字化医生

在 Continuum 公司，我们设计了一款以人为本的健康筛查解决方案，可以安装在任何门口来限制疾病的传播，它可以发送视觉信号“这里所有的人都通过了测试”来增强公众的信心。虽然系统设计的初衷是应对疫情，但我在这里推荐的则是更具持续性的传染性疾病的健康筛查方式，更类似于机场的金属探测器、高速公路的超速摄像头及停车场的安全摄像头，并在一对多检查时标记可疑行为。它为学校、公司大楼、交通枢纽、餐馆、酒店、音乐会和体育场馆、会议室和零售店等场所提供公共卫生工具。要想有效，这种新型筛查门需要完成两项工作：检测和投影。这儿的检测，是指诊断你是否生病；这儿的投影，是指通过视觉信号，向对进入某场所持谨慎态度的人传达“健康安全”的信号，就像健康版本的 ZAGAT 餐馆评级一样。

在原型机中，我们使用带有计算机视觉的摄像头来区分人和人脸，然后使用工业温度传感器从几米外获取额头温度读数（见图 7-1）。如果该系统检测到体温升高，X 射线传感器会进行二次读数并评估心率和呼吸速率，人与病毒进行斗争时这两个指标也会升高。

我们的愿望是保持系统的匿名性和被动性，侧重于协助的功能，避免可能带来的羞辱或歧视。当疫情侵袭时，超视可以提供更为温和的方式来保护人们的安全，帮助那些真正需要帮助的人，并让公众对人员聚集区域产生信心。我们不希望未来世界看起来像 1997 年的科幻电影《千钧一发》（*Gattaca*）中那样，当你通过旋转栅门时，旋转栅门会采集血液小样，验证你是不是基因改良的大多数人。

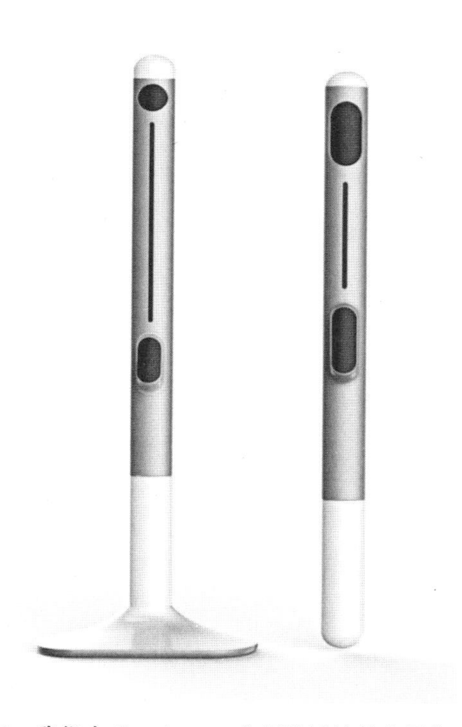

图 7-1 我们在 Continuum 公司设计的筛查摄像头

注：针对新冠肺炎，我们在 Continuum 公司为客户设计了这款兼具热筛查和 X 射线筛查的工具，适用于医院、餐馆、零售店、娱乐场所和交通枢纽等处。

Continuum 公司的设计保留了匿名性，并且不会保留记录。它不具有惩罚属性，相反，通过检测就会收到某种形式的表扬，就像酒店门开锁的声音或迪士尼魔法腕带发出的声音，不再需要亮起令人尴尬的红灯或是响起刺耳的入店行窃警报声。此外，如果需要，它还能提供帮助，如提供个人防护装备、医生预约，或者只是搭车回家。我们的设计理念是尽可能少地暴露个人隐私，并同时确保聚会场所的安全性。除了感知功能，该设计好比视觉灯塔，发出安全信号，为进入的人提供保证。虽然被动的健康感知听起来可能过于头脑发热、过于不自量力，但这种功能将变成像进入酒吧需要出示身份证一样正常。

新技术通过新颖的方式，使用远距离被动感知来保障我们的安全和健康，不仅适用于应对危险的病毒，也适用于其他健康状况，包括皮肤癌、肝病和糖尿病。你可能从没想过得来速餐厅、音乐会场地或是教堂会成为医疗保健场所，但是人流密集的地方可能是"微型诊所"快闪店的完美选址。"微型诊所"具有被动筛查和快速检测的能力，均由超视提供支持。

远距离诊断

在新冠肺炎疫情之前，IBM Watson 平台和飞利浦等大型科技公司就迫不及待地将计算机视觉应用于一系列远程医疗应用程序。苏珊·康诺弗（Susan Conover）等创业者占得了先机。

我第一次见康诺弗是通过 MIT 导师会议上的一位天使投资人，当时康诺弗还是 MIT 的博士生。最近，她刚从斯隆学院的 MBA 项目毕业，而且她之前也经历过黑色素瘤未被诊断出的情况。早期发现症状对治疗至关重要，但是许多人因为害怕尴尬而不去看医生。不治疗的话，疾病就会恶化，皮肤上的疹子无论是像湿疹一样对健康无害，还是像性传播疾病一样严重影响健康，只要不及早治疗，情况都可能会更糟糕。

如果你不需要在医生办公室脱衣服做检查就能获得大概的评估结果呢？如果你在浴室里自拍一些照片就可以确定自己的皮肤发炎只是因为使用了新肥皂或是

皮肤干燥，又或者确实需要寻求医生的帮助，那又会怎么样呢？

为了帮助像自己一样的人，康诺弗与另一位计算机视觉科学家合作，帮助人们诊断皮肤病。她开发的应用程序 LuminDx 就可以做到这一点。拍下可疑的皮疹后，该应用程序的神经网络会与数百万类似的照片进行比对，大约只需要 1/60 秒。想象一下，你看皮肤科医生要花多长时间！该应用程序会显示相似度最高的病例，或者告诉你身体并无异常。如果匹配成功，它会推荐相应的家庭检测试剂盒、非处方药，或者建议你立即去看皮肤科医生（见图 7-2）。

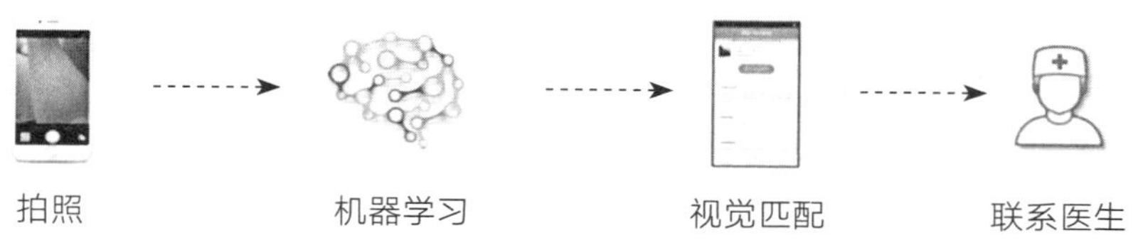

图 7-2　利用智能手机照片即时识别皮肤状况

注：LuminDx 使用了 VA 档案中数千个标记的皮疹和黑色素瘤的例子来训练神经网络，帮助人们确定是需要在家测试还是去看皮肤科医生。

康诺弗有着典型的爱尔兰人特征：红头发、皮肤白皙，容易晒伤。据康诺弗说，她的医生没有发现黑色素瘤的早期症状，也没有建议她去做皮肤癌检测。她说："医生只是傲慢地打趣'如果你发现不正常的症状，及时告诉我们'，但是我才 22 岁，我怎么懂得如何区分正常与不正常呢？"幸运的是，有一天，在海滩上，她的母亲发现了她背上新长了一颗痣，并坚持要求康诺弗去看皮肤科医生。皮肤科医生诊断出了癌症，而且发现得较早，这样她才可以在癌症扩散之前接受治疗。

在 MIT 读研究生期间，康诺弗热衷于计算机视觉，特别是相似性搜索技术，该技术或许可以帮助患者和医生识别出视觉图案。她便着手采访初级保健人员，了解到他们在医学院学习皮肤病学的时间只有一周。"初级保健人员每天要接待

6 ～ 10 位皮肤病患者，”她告诉我，“其中一半都误诊了。”例如，一个人因为莱姆病[①] 去急诊室，几乎总是被诊断为银屑病。医生会开具类固醇处方，而这会让真菌感染得更厉害。关于 LuminDx 的前景，借用她自己的话，康诺弗希望：“它应该像希波克拉底应用程序[②] 一样成为药物相互作用的参考工具，医生在行医过程中每天都要参考。它应该成为每天都要使用的临床决策支持工具。”

自从我作为计算机视觉顾问加入公司以来，公司的商业模式也朝着有趣的方向发展了。公司最初的想法是为消费者提供工具，显示相似度最高的匹配，然后推荐适合的家庭试剂盒。这些试剂盒通常售价 20 ～ 300 美元，LuminDx 每推荐一个试剂盒，会得到 5 ～ 25 美元的推荐费。现在康诺弗又发现了一个有价值的收入来源：临床试验。制药公司通常需要对分布在大约 50 个地点的 3 000 名患者进行 3 期试验。对于潜在的畅销药，每延迟一天招募到病人，损失就会高达数万美元。LuminDx 解决了这一难题，主要通过找到大量符合资质的、具有特定皮肤病症状的人选。

康诺弗的初创公司利用了大家喜欢上网看医生的习惯，超过 1/3 的人在预约看医生前会在网上搜索自己的症状。你不再需要在网上搜索“某某部位出现了奇怪的点点”，也不需要依靠自己的眼睛来判定是否患有淋病，无偏见的计算机可以根据数百万张经过验证的图像为你评估。如果你是一个疑病症[③] 患者，这至少也能让你怀疑得更准确些。

---

① 一种自然疫源性疾病，传播媒介为硬蜱。症状早期以慢性游走性红斑为主，中期表现为神经系统及心脏异常，晚期主要是关节炎。——编者注

② 一款手机应用程序，为用户分享医学和医疗保健知识。——编者注

③ 在没有明确医学根据的情况下，受检查者认定自己患有某种特定疾病的一种精神病理状态。——编者注

城市布满传感器，远距离诊断
越来越有可能成为现实。

约翰·布朗斯坦（John Brownstein）博士
波士顿儿童医院首席创新官

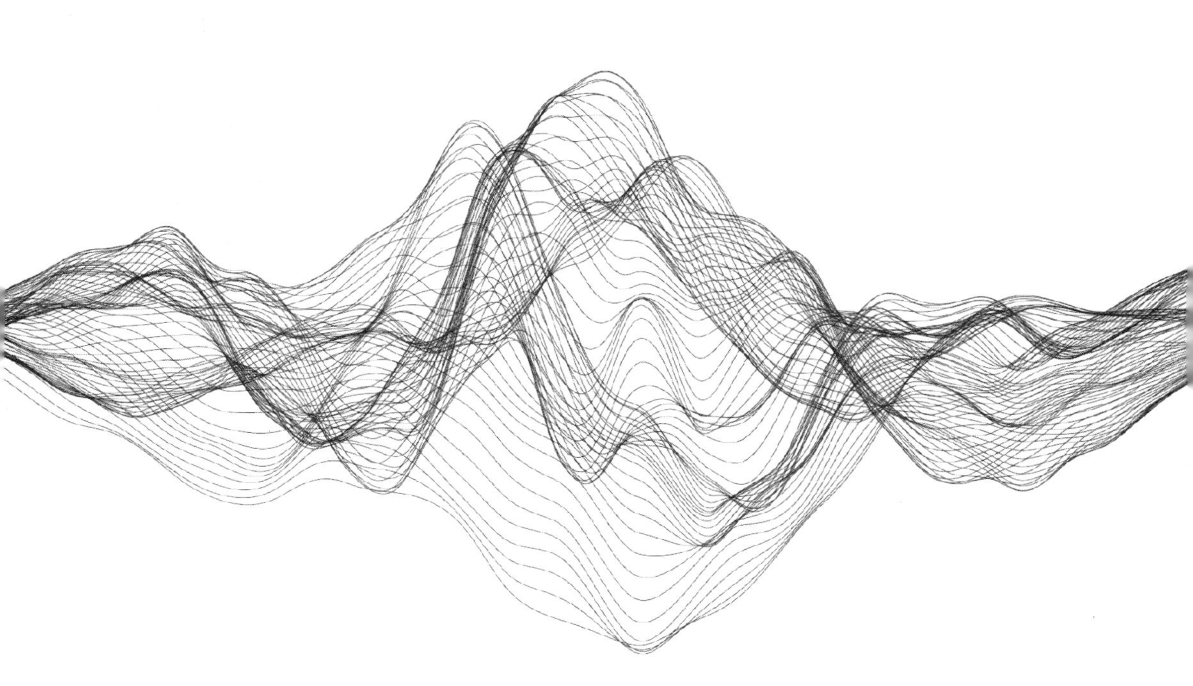

当然，也存在误诊的可能性；但是假阳性结果不一定是坏事，因为应用程序会建议你去看专业医生，医生会告诉你人工智能是错的，这样你就安心了。我们真正需要担心的是假阴性，即系统说你身体很好而其实并非如此。即便如此，医疗面临的问题是许多人一开始就羞于去看医生，比如性传播疾病患者，而让潜在患者采取行动比承受风险要更重要：人工智能医生，有总比没有强。

除了家庭试剂盒，使用手机进行个人初步医疗测试则将医疗保健从医院分散到家庭、工作场所、汽车或浴室。从定期进行大便和尿液分析的厕所，到检测平衡能力、步态和跌倒风险的隐私摄像头，超视致力于使诊断测试更普及、更便宜、更便捷。

许多公司注意到了所谓的“环境医疗保健”的潜力。以色列医疗公司 Healthy.io 最近开始为糖尿病患者提供计算机视觉系统，后者可以远程检测尿液，并通过智能手机将数据发送到医生和患者记录中。现在隶属于谷歌的 DeepMind 公司通过训练人工神经网络来读取眼科检查期间进行的视网膜扫描结果，以诊断早发性糖尿病、心血管疾病，以及其他超过 50 种威胁视力的疾病。简化临床诊断测试是一个很好的开端，但在我看来，未来超视支持的诊断应该更随意，而且应该是属于非医学用途的附带体验。

2017 年，沃比帕克公司第一次聘用我，目标是建立利用计算机视觉进行在线视力测试的新业务。该公司的眼镜以时尚、性价比高而闻名，而且公司在家庭试戴套件中会邮寄给客户五副镜框。如果没有最近的验光结果——法律要求每两年验光一次，顾客就无法完成订单。我的工作是创建准确的家庭视力测试系统，任何人都可以使用，即使是在纽约市狭小的公寓里，而且严格程度符合美国食品药品监督管理局标准。

测试视力，或者至少测试视觉敏感度，只需要两件东西：视标，即精心设计的字母或已知其大小的图片；以及将测试者定位在离视标精确距离的能力。由于很多人都有笔记本电脑或台式机和智能手机，我们使用了计算机视觉来为我们测量距离（见图 7–3）。还有哪种方式比这个更方便？我们创建的兰氏 C 型视力表（Landolt Coptotypes）之所以这么命名，是因为它们像沿着几个方向旋转的多个字母 C（图 7–4）。视力表出现在你的电脑屏幕上，每次一行，从大到小，而你需要在手机上朝字母 C 缺口方向滑动。然后，24 小时内，你所在的州具有执业资格的眼科医生会查看你的数据和健康史，并为你开具验光单。不管你身在肯尼亚的内罗毕还是美国的新奥尔良，只要能使用智能手机，超视就可以帮助你检测视力。

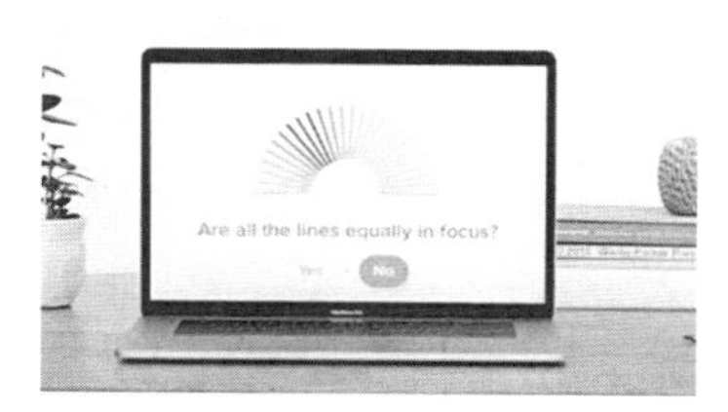

图 7–3 沃比帕克的家庭视力检测服务也可测试散光

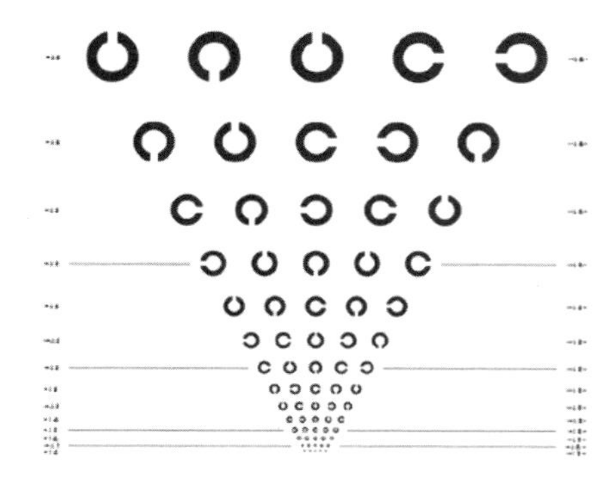

图 7–4 兰氏 C 型视力表

注：C 型视力表比 E 型视力表更精确，因为视力表有多种可能的方向，同时还适用于不认识字母名称的孩子。

在美国建立了在线视力测试的新业务，然后开发了相同服务的移动版雏形后，我开始思考，是否有一种方式可以在公共场所进行视力筛查，做好视力保护，尤其是儿童的视力保护。我在沃比·帕克的团队开始为人流密集地，如学校、图书馆、科学博物馆、游乐场、公园和摩天大楼上的观景平台等地设计视力筛查的体验草图。

2017 年，我在《自然》（*Nature*）杂志上读到一篇论文，这让我有了惊喜的发现。美国亚利桑那大学光学学院的研究人员制造了一种低成本的小型自动验光仪，它可以阅读视力表的多镜片装置，研究人员将其用于在发展中国家进行视力测试。他们综合了两种技术来确定矫正处方：一种是评估结构光（structured light）从视网膜反射时的扭曲程度，另一种是可调焦透镜，可以即时纠正像差。首先，该设备确定了个人对眼镜的需求，然后向他们展示了采用个性化的处方后视野可以更好，所有这些都可以在 15 秒内完成。我意识到，如果我们能降低调焦镜头的成本，这样的系统可以在不到 5 秒钟的时间内完成任务，至少在理论上是这样。

我提议在纽约帝国大厦顶部、游轮上和华盛顿山山顶等人流密集区域的双筒望远镜中嵌入即时视力测试装置，像图 7–5 中的情景一样，每小时可以服务许多人。当你通过双筒望远镜观景时，如果你需要提高屈光度或进行散光矫正，可调透片会进行相应的调整并显示矫正后的视图。只须点击手机就可以保存处方。此外，还可以获得沃比帕克公司的虚拟试戴应用程序的链接，挑选时尚的镜框。

图 7–5　具有快速自助式视力检测功能的观光望远镜

注：快速自助式视力检测，使用波前像差测量和可调焦镜片来检测和矫正远视，可以安装在人流量密集的公共场所。

如你所见，对于通过环境医疗保健来推广公共健康筛查，我是持乐观态度的。在进行客观的视力测试的同时，观光望远镜还可以使用计算机视觉辅助视网膜病变检测和进行亚秒级糖尿病筛查。就像我爸能够从远处识别黄疸或神经症状一样，那么将强大的传感器和超视 AI 算法结合起来，一定可以完成数十项筛查测试。我们只需要确定何时早期检测结果的重要性超过错误检测的成本，然后找出将这些潜在的诊断直接传递给患者的、不存在任何指责或羞耻感的方式。一旦我们解决了这些设计难题，这个超视应用程序就有可能让我们所有人变得更健康。

可以看病的人工智能

不仅普通人可以使用人工智能视觉分析工具对皮疹或蜘蛛咬伤进行自我诊断，医生也可以利用人工智能助手的超强视觉，辅助解读医疗影像。超视已经可以用于解决最棘手和最高风险领域的问题，比如肿瘤学。克丽丝塔·琼斯（Krista Jones）在她的专栏文章《我对人工智能存有疑虑——直到它拯救了我的生命》（*I Was Worried About Artificial Intelligence—Until It Saved My Life*）中描述了医疗人员在寻找像她所具有的这样的乳腺癌症状时面临的难题："想象一下，你是一位病理学家，你的工作是每 30 分钟浏览 1 000 张图片，在每张图片上寻找细微的离群值。你在与时间赛跑，就像在巨大的数据海洋中寻找一根细小的针。现在，再想象一下，一个女人的生命就取决于它。而我就是那个女人。"

每天，病理学家都面临着艰巨的任务：准确读取大量的胸透照片，诊断美国每年 25 万名患乳腺癌的女性，从而减少乳腺癌死亡人数，现在死亡人数平均每年为 4 万人。可悲的是，由于时间和资源的限制，这些医务工作者常常会犯错。最近的一项研究发现，病理学家能准确检测到肿瘤的概率只有 73.2%。

这种不足也给计算机视觉提供了机会，后者在图形识别方面表现得越来越优于人类。世界各地的初创公司正在培训系统读取诊断扫描，迄今为止，结果很令人震惊（见图 7-6）。《放射学》（*Radiology*）杂志 2019 年的一项研究指出，“机器学习加上正电子发射型计算机断层显像，可以使医生比传统诊断方法平均提前 6 年发现阿尔茨海默病”。

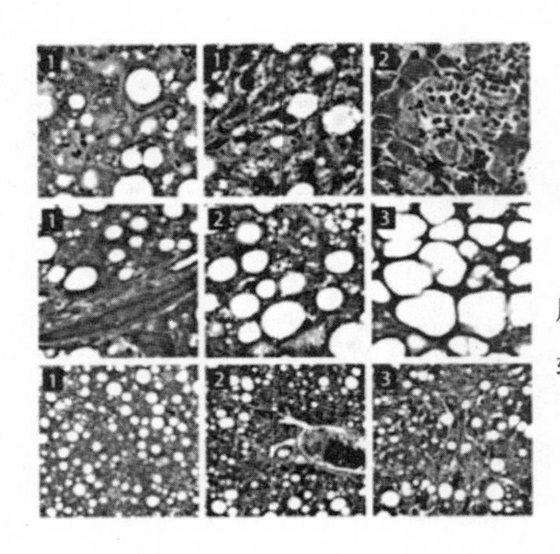

图 7-6 用计算机视觉分析肝细胞的示例扫描

注：在分析肝细胞的示例扫描时，自动的深度学习评分与人类病理学家的评分之间的一致度较高。

如果这些算法始终像人类医生一样准确或是比医生更准确——事实就是这样的，而且成本比医生要低，那么计算机视觉会让放射科医生和皮肤科医生这样的图像识别专家失业吗？

2017 年，著名风险投资家维诺德·科斯拉（Vinod Khosla）以同样的预测引起了人们的关注。“未来的世界很有可能不再需要医生，至少不再需要资质一般的医生，”他在美国科技类博客网站 TechCrunch 上的一篇引起广泛讨论的专栏文章中说，“最终，资质一般的医生将被淘汰，我们 90% ～ 99% 的医疗需求将有更好、更低廉的护理来满足。”许多人同意他的观点，其中就包括《第二次机器革命》（*The Second Machine Age*）的合著者安德鲁·麦卡菲（Andrew McAfee），他认为“如果超视目前还算不上是世界顶尖的诊断医生，那么很快就会是的”。

我觉得这个想法太天真了。首先，放射科医生和其他医生的职责，虽然可以通过人工智能来增强，但由于存在患者信任或责任风险等心理因素，所以医生的职责永远不会为人工智能所取代（见图 7–7）。极少有乘客会登上无人驾驶飞机，尽管自动驾驶技术已经为 90% 以上的飞行提供服务。还有一些能力是人类独有的，以至于它们永远不会被自动化取代，例如，人类互动中的同理心。

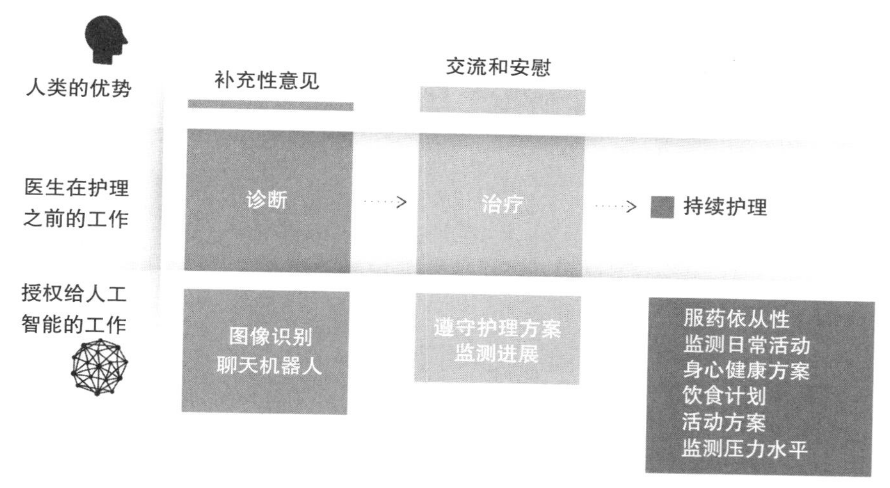

图 7–7　医生和人工智能应如何分工

注：算法适用于常规预测，但个性化的互动、同理心和创造性的问题解决能力仍是人类特有的。

其次，这个想法没有把握到“工作选择工具”的微妙之处。新的工具不断地改变着我们的工作方式，很大程度上是积极的改变。计算机视觉能够简化工作流程、提高诊断准确度，逐渐成为医务人员节省时间的筛查工具，而医务人员能够更加专注于其他工作，如做研究和与病人互动。它还可以减轻医生会诊的工作量，例如，在大手术或治疗过程之前，征求其他医生的意见是明智的选择。人工智能和医生应该各抒己见，然后相互比较、相互学习。

AI 辅助处在主动模式和被动模式之间的地带（见图 7–8）。试想自动驾驶汽车的界面设计：谷歌利用高科技优势，可以让汽车没有方向盘，这儿的控制模式很清楚——完全不需要人类驾驶。相反，丰田的感知系统则更像是守护天使：人类司机主导，AI 只在关键时刻“夺走方向盘”或“踩刹车”，防止你撞到行人或驶出路面。就近期而言，最可取的控制模式并不是这两个极端，而是特斯拉倡导的恰到好处的模式——一切都刚刚好（见图 7–9）。

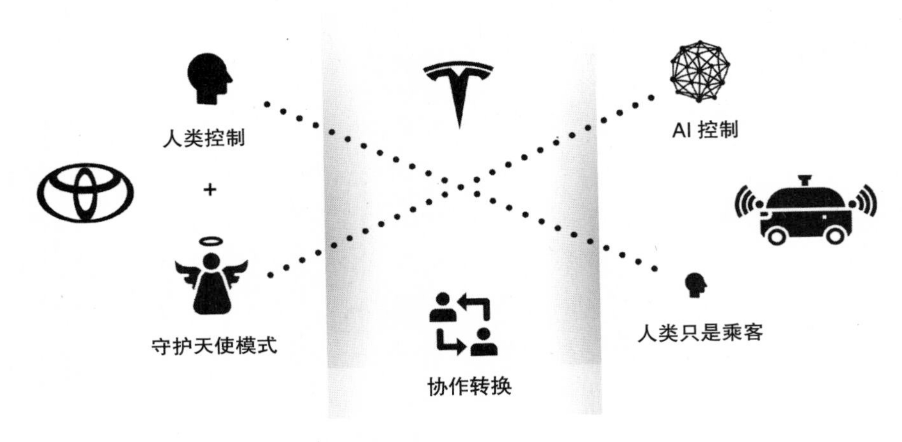

图 7–8　AI 的几种控制模式

注：尤其是在驾驶和医疗诊断等重要的任务中，我们总是在衡量对 AI 的信任程度，衡量我们与这些新助手的关系。它们是应该在我们犯错误之前出手相助，即处于被动模式，还是应该完全接管，即处于主动模式，还是说双方轮流掌控，即处于协作模式？

图 7–9　特斯拉电车的仪表盘有助于展示 AI 的“思维模式”

注：特斯拉电车仪表盘上的大屏幕显示着自动驾驶系统所看到的内容及它的下一步行动计划，协作需要共享思维模式。

特斯拉的自动驾驶汽车上占用仪表盘屏幕大部分空间的并不是速度表或转速表，而是汽车所看到的内容（你前面的汽车、旁边的卡车、自行车、限速或停车标志）和它的计划（例如，自动变道超过前面行驶缓慢的汽车）[①]。人类司机此时就相当于经理或管理者：确保任务准确完成。司机，此刻就像开明的经理一样，知道其“员工”可能会犯错的情况，并在开车穿过结冰的桥梁、穿过施工区域或路过受大风影响的大卡车时，时刻准备提供帮助。然而，大多数时候，这种谨慎的态度并非意味着人类会收回控制权。

那么，在构建“AI+人类”共享控制关系时，要求是什么呢？对于驾驶或读取X线片，需求是一致的。人工智能助手需要清楚表达它的能力和发挥这些能力的信心水平，这样人类就可以确定自己什么时候需要介入或提供支持，什么时候可以让人工智能去尽最大的努力。特斯拉汽车中，这种信心的传达方式是仪表盘中的大屏幕内容。它对自己看到的车道线信心有多少呢？非常自信显示为纯蓝色，不太自信显示为灰色。如果没有尾随的车辆，那么在一辆汽车的一侧或两侧显示有重影的灰线则意味着它可能需要你的帮助。

想想在放射学领域使用人工智能会怎样。人工智能如何表达它对发现出血性中风的信心程度呢？系统如何迅速表达自己需要听听人类的意见呢？

未来我们的AI助手会需要我们的关注。这有时很有用，有时却会犯错误、导致我们分心。以放射学为例，如果AI发现了值得关注的内容，它很有可能会把你的注意力从正在观察的可疑区域转移开，而AI没有看到这个可疑区域，所以问题的真正根源就会被搁置一边。这样，过度依赖人工智能就会降低人类

① 一个与之相关的概念是前馈界面（feed-forward interface），它提供听觉或视觉提示，显示系统计划做什么。这种“可能发生什么”的预测信息，类似于飓风路径的概率锥，可以借助超视显示，来提升安全性。预测性前馈界面可以显示围绕着城市十字路口或其他司机的风险云。

的表现水平，就像过度依赖拼写检查器会导致你使用错误的单词一样。未来的模式将是人类密切关注 AI 助手，但也不能丧失对直觉的信任。

医疗领域的适应期是不可避免的，因为医生需要学会理清任务的优先顺序，考虑哪些任务是人类擅长的，如创造性地解决问题和与患者建立关系，而其余的工作则交由 AI 负责。医生和 AI 助手的关系将会经历一个学习过程，但最终，我们都会因为关系的完善而变得更好，也更健康。

辩证地看待超视

SUPER SIGHT

训练偏差

作为人类，情况常常是我们太容易信任别人、太难原谅别人。相信计算机视觉的诊断意味着我们把生命托付给自动化系统，然而，我们却很少了解这些系统是如何训练的或者它们的准确度有多高等关键信息。在这些情况下，我们所不知道的内容绝对会伤害我们。

在美国，医疗事故是致死的主要原因之一。不可避免的是，随着越来越多的人工智能训练系统在医院应用，我们也将看到更多的潜在致命错误可以归罪于算法，即使事故的总数正大幅减少。这些事故应该由谁负责呢？手术中出现事故时，外科医生负有责任；硬件出现故障时，被起诉的是设备制造商；但是，当代码无法完成工作时，我们是将责任推给算法工程师，还是监督诊断的医生？或者，推给人工智能？

另一个问题就是医疗偏差，它不会因为引入人工智能就不存在了。算法会重复在其训练数据中发现的错误或事实。就医学研究而言，不幸的是，这意味着数据集来源于西方的中年白人男性及勇敢的享有特权的年轻医科学生，他们为了赚取额外的收入而献身医学研究。这两个群体都不能代表所有的人，这就是为什么有色人种或女性对某些药物的反应我们知之甚少，以及为什么我们不太了解相同的疾病如何在不同种族背景的人身上会呈现不同的症状。

例如，我们直到最近几年才意识到女性的心脏病发作症状与男性的截然不同。原因是什么？几乎所有关于心脏病的数据都来源于中年白人男性群体。即使乳腺癌可以说是被研究最多的癌症种类之一，但几乎所有的数据都来自欧洲血统的白人女性。尽管我们所知甚少，但研究表明非洲妇女拥有乳腺癌 1 号（BRCA1）基因的概率更大、患上的乳腺癌更严重，并且在 35 岁前诊断出乳腺癌的概率是白人女性的两倍。

如果超视想对我们的疾病诊断方式和治疗计划产生积极影响，我们需要的就不仅仅是算法，而是从根本上重新设计我们研究和治疗疾病的方式。同样重要的是，自动化系统的开发人员必须格外谨慎地管理训练数据，最大限度地减少种族偏见和民族偏见，使所有群体都参与进来，确保数据的质量和算法的透明度。人工智能的表现只会跟我们用来训练它们的数据一样好，而找到“清洁”、无偏见的数据集是未来十年所面临的重大挑战。

如果卫生系统中的系统性不平等没有得到解决，使用人工智能的医学领域就会让少数群体患者的生活变得更加糟糕，我们应该指责的不是算法，而是我们自己。

预测疾病，从根源避免不良预后

未来，超视不仅会用于诊断和治疗现有的疾病，它还将用于发现潜在问题，在其发展成为真正的问题之前及早发现。

出于安全及娱乐的目的，我们住所的周围已经布满了摄像头，这些摄像头同样可以用来查看我们的健康状况。首先，这些监控系统将逐渐建立具有代表性的基线，代表我们的“正常情况”，包括我们通常走路的方式、睡眠时翻身的次数、步伐矫健的程度、我们的身体姿态及伸展的幅度，这样出现异常时它们就能够做出判断。膝盖有没有不舒服？是不是越来越不爱动？看起来像有黄疸病还是脸色苍白？脖子是不是僵硬？计算机视觉可以帮助识别出抑郁、虚弱甚至认知能力下降的早期微妙迹象，然后建议采取积极的措施来避免事故或代价高昂的急诊室就诊。

医疗保健并不是第一个使用计算机视觉来检测人类活动的领域，这项技术其实是为赌场发明的！这些硕大的装满老虎机的大厅里经常出现晕倒在地的顾客，要么需要帮助他们起身回到自己的房间清醒一下，要么需要帮助他们回到最近的老虎机旁。在 20 世纪 80 年代，赌场从监控设备上获取监控视频，通过基本姿势分类器将它们输入计算机。姿势分类器是一种识别人类头部、手臂和腿部的算法。如果客人平躺在地上，这些系统就可以发出警报。虽然系统无法确定他们是因为喝醉、打架还是因为赢得 100 万美元而晕倒在地，但无论如何，安保人员会被派往该区域。

如果你从来没有在拉斯维加斯晕倒过，那么你第一次遇到姿势评估算法（pose estimation algorithm）可能是你在客厅里玩电子游戏的时候。2007 年，任天堂公司基于姿势的 Wii 无线手柄与平衡板助推了第一波“运动式游戏”（Exergames，锻炼和游戏的综合体）热潮。这些基于加速度计的传感器可以被拿在手里也可以被放在脚下，这样就可以实现三维检测身体运动。不仅玩游戏很好用，它还可以应用于健康领域。很快，理疗师就开始使用远程运动游戏来帮助人们坚持日常锻炼。众所周知，日常锻炼很难坚持。这些游戏的激励作用是令人信服的，因此人们恢复的速度也更快。

紧接着，2010 年，微软公司的 Kinect 体感周边外设问世，与它同时间问世的还有一系列使用身体进行控制的电子游戏。这个摄像头系统使用了和苹果 iPhone 手机同样的面部解锁方式：将红外线点网格投射到目标上，后者由专用红外线摄像头读取。这种无标记的运动跟踪，既可以识别人，也可以识别人的动作，理疗师和研究人员（比如我）都对此感到很兴奋。这是一项梦寐以求的“圣杯式”技术，可以帮助人们在自己的家中养老，而无须承受养老院和护理服务的经济负担，因为它能让我们发现抑郁症或衰老的早期信号。

这些摄像头的当代版本感知日常生活活动的能力越来越强，而且能够识别这些活动的发展趋势。日常活动是描述我们日常生活模式的行业术语。当你半夜起床更频繁时、需要扶着厨房柜台或门框站稳时、从地板上捡起东西或是去够橱柜顶部吃力时，你的行为就会被记录下来。你的伴侣和孩子几乎察觉不到这些看似细微的行为变化，更不用说你自己了，但它们有时会是严重健康问题的预警信号，将来我们有望在严重症状或衰竭性疾病出现之前将其解决。

超视所能做的不仅仅是跟踪你的身体运动并推荐健康干预措施。正如在本章开头处提到的健康筛查设备，不可见的微波和红外光谱中的传感器也可以从房间的另一端读取你的体温、心率和呼吸数据。每天多次从远处测定这些数据有助于检测心理健康状况，例如，心率变异性代表着你有压力。

我们为什么需要让摄像头来告诉我们什么时候感觉不舒服或压力大呢？因为我们的预测能力很弱。如果没有感知技术和反馈信息，我们通常无法识别或注意到渐进式的改变，尤其是当我们年纪越来越大时。衰老是一个自然的过程，但有时会伴随着混乱和尴尬的状况。我们的身体开始不听使唤，无论是逐渐的还是突然的，很难判断什么时候仅仅是新的常态，什么时候进行干预是有必要的或合理的。随着各个年龄段越来越多的人独自生活，你可以看到超视如何让个人及他们远方的家庭和护理者安心。

使用超视来检测人类是否摔倒很重要，但也相对简单。在某人摔倒之前，预测他们会摔倒，避免髋关节损伤而影响今后的生活，就不算是小事了，但也是有可能的。姿势检测器和步态分析技术可以确定某人是否颤巍巍，或走路不协调，或下意识地需要扶着物体才能站稳，或者活动范围变小。利用这些细微的动作，其他算法可以预测绊倒的可能性和原因，这样人们就可以在骨折、忍受创伤和住院之前采取预防性护理。跌倒常常是让一个家庭确定年迈的亲人不再适合独自生活的主要原因，因此超视改善人们生活质量的潜力是巨大的。

当然，房屋无法让居住者所有的日常活动都一览无余，屋子里往往放满了普通摄像头无法穿过的固态物体，很是讨厌。这很大程度上可能会让主流计算机视觉在杂乱的空间中无能为力，即便是你的室内设计品味更倾向于丹麦的极简主义风格也是如此。幸运的是，人工智能赋能的计算机视觉技术穿透家具和墙壁的能力越来越强（见图 7–10）。

图 7–10　使用了短波雷达与机器学习的穿墙姿势检测和活动分类器

计算机视觉博士兼企业家亚历山大·温特（Alexandre Winter）是率先使用超视的观察能力的先驱之一。他首先是将其应用于一款名为 PlaceMeter 的应用程序，该程序用来计算城市中的车流和人流，然后将其应用于家庭安保摄像头公司 Arlo（现在被 Netgear 公司收购）的产品。家庭安保摄像头不仅需要计算机视觉来区分朋友、送货员、遛狗员及敌人，还需要计算机视觉来完成更普通的识别任务——后院有动静，是风吹树枝造成的，是浣熊造成的，还是有入侵者？

现在，亚历山大想通过他的超视专长，逐鹿价值 37 亿美元的个人应急系统市场。目前，许多老年人都拥有可穿戴设备，通常是手链或吊坠，如果他们摔倒了，就可以按下按钮。尽管他们需要每月支付服务费，但使用情况参差不齐。这些设备笨拙、需要充电，佩戴者会视其为脆弱的象征。亚历山大提供的 Norbert 装置可以穿过墙壁来检测是否有人跌倒，所以家里不再需要可穿戴设备。这是超视版的"跌倒呼叫器"。

Norbert 装置有 4 个传感器，每个传感器都经过训练，可以监测到电磁波上不同的波普范围。可见光摄像头通过面部识别来判断谁待在家里，红外传感器确定体温和心率，毫米级雷达通过衣服来测量胸部的起伏，最令人震惊的是，更长波段的厘米级雷达可穿过墙壁来检测人及其姿态。

如果被这样的系统监视，你会感觉如何？这可能取决于你对监视者的感受、是否有任何信息被记录及被监视时你在做什么。我们怎样才能在不涉及隐私的情况下提供超视版的"守护天使"服务呢？解决方案就是使用第 1 章所描述的边缘计算：视频分析和处理将在摄像头内进行。这种方法意味着没有人会看到任何一帧视频，除了那些在疑似跌倒时上传的视频，也没有云服务器会存储你的任何图像。没错，摄像头可能在监视你的睡眠，但只有当你似乎睡眠质量变得更糟时，它才会上传警报——永远不会上传你平时睡觉的真实状态。

在未来的几年内，这种家庭安全网中保护隐私的做法将像门铃一样成为常态。超视算法，如活动检测算法，将持续提供关于你的生活方式的视觉画像，包括你准备晚餐的时候、玩 RISK 游戏的时候，以及看着《深夜秀》（*The Late Show*）节目入睡的时候。我们知道有人在保障我们的安全，这会让我们安心，同时也不会有时刻被人监视的感觉。

量化的自我与量化的健康

到目前为止，我们已经了解了如何使用超视来诊断已经生病的人，以及预测何时有人需要医疗援助。如果我们可以利用超视从一开始就避免人们生病呢？

2020 年 3 月，当新冠肺炎疫情在美国肆虐时，波士顿正在主办当年的 TEDMED 会议。当时在 Continuum 公司，我们在思考如何使用亲社会设计来确保人们洗手。在会议中心，洗手十分必要：成千上万的人从世界各地飞来，所有的互动都始于热情的握手，但这同时也伴有传播疾病的风险。我们制作了几个具备超视功能的洗手设备原型机，然后将它们安装在与会者使用的男厕所里，目的是获得传染病研究人员和医生的反馈，其中就包括美国卫生局局长，他是演讲者之一。

以下是我们在原型机阶段提出的 3 个最佳想法：

1. 观察猫

在被观察时，我们会呈现出最好的行为。第 1 个原型机的灵感来源于此。但是没有人想要一个老大哥摄像头来监视他们，尤其是在卫生间。我们认为，让猫观察，可能大家更容易忍受，因为小猫咪不会乱讲话。举起爪子的日本招财猫形象给我们提供了灵感（见图 7-11），特别是当我们了解到它们并不是在挥手，而是在洗脸时。

图 7-11 观察猫

关于我们的设备，猫咪坐着的平台上包含接近传感器、LED 灯环和扬声器。只要猫咪的摄像头看到你移动双手，它就会发出 20 秒的喵喵叫声，这个时长足够你认真地洗完手，这也是你应该洗手的时间长度。与此同时，观察猫的 LED 灯环逐渐亮起。最后，双方相视一笑，你的手也洗干净了。

2. 细菌投影

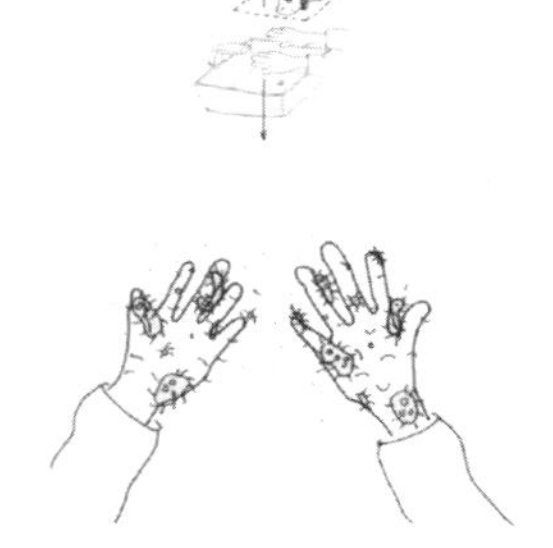

图 7-12 细菌投影

什么情况下你洗手时间最长呢？当你看到双手沾满污垢的时候。高中时我在一家自行车店打工时就有类似的经历：轮班后，为了清除手上的油脂，我会花上 5 分钟时间洗手。让看不见的细菌变得可见、令人厌恶，人们就会知道洗手的必要性。尽管一些紫外光可以显示表面的细菌，但对冠状病毒不起作用。我们需要让细菌更显而易见，而且不那么抽象。因此，我们在水槽上方藏了一个微型投影仪，将面目狰狞的微生物投射到用户的手上，这些微生物在 20 秒后就会变成闪光的亮点（见图 7-12）。相比之前的设计，这个设计的优势是，你不会再跟着猫咪一起哼唱，而是会把注意力集中在自己的手上。

3. 培养皿倒计时

钢铁侠胸部有一个发光的胸环，里面的元素钯是其能量源泉。如果你也能以同样的方式感受到卫生的力量呢？在我们的第 3 个原型机中，微型投影仪会在

图 7-13　培养皿倒计时

你胸部显示发光的倒计时，投影是颠倒的，这样在镜子中就会呈现正确的画面。你的身体作为画布，设备投射的信息让你既能感到个性化又有一种罪恶感。我们设计了培养皿中的细菌数，以此来为你洗掉所有的细菌做倒计时（见图 7-13）。我们还想说明什么细菌是按照什么顺序被冲洗走的——大肠杆菌、葡萄球菌、志贺氏菌、冠状病毒，但最终科学家们无法就顺序达成一致意见。

造就伟大产品的唯一方法就是通过实时的真人实验，我特别喜欢拿出“硬件草图”，即勉强能工作、低保真度的原型机，并将它们放置在真实情景中的时刻。在你的受众与原型机互动后的头几个小时里，有很多东西要总结。这也是我第一次在卫生间里进行这项研究，而且周围还是一群手很干净的人。主要的问题是，大多数人都不太会洗手，但是若要改进的话，一位医生强调：“你只需要在镜子里放一个 20 秒的倒计时器即可！”

监控洗手是不是显得有点管太多而且有些冒犯人呢？如果它消除了传播致命病毒的主要载体，你就不会这么想了。诺贝尔奖得主、行为经济学家理查德·塞勒（Richard Thaler）研究的系统就像我们的系统一样，能够鼓励人们按照自己的最大利益行事。“自由意志家长制，”塞勒写道，“是一种相对弱化、温和、非强加性质的家长制，因为选择没有被阻止、隔离，也没有被明显地施加负担。”我们并没有强迫大家必须花 20 秒钟把手彻底清洗干净，只是通过观察猫 20 秒的呼噜声等为人们设置了一个期望值，人们可以选择去遵循。这不是要求，而是助推。

系统通过映射个人行为的镜子来感知和反映我们的日常行为，然后助推我们朝着正确的方向前进（见图 7-14）。这样的系统拥有巨大的潜力。这里的设计挑战是变感知为被动，即无须努力或无须记录，让显示或结果变得不可避免。超视为行为提供了被动感知平台，而增强视觉为清晰助推提供了理想的方法。

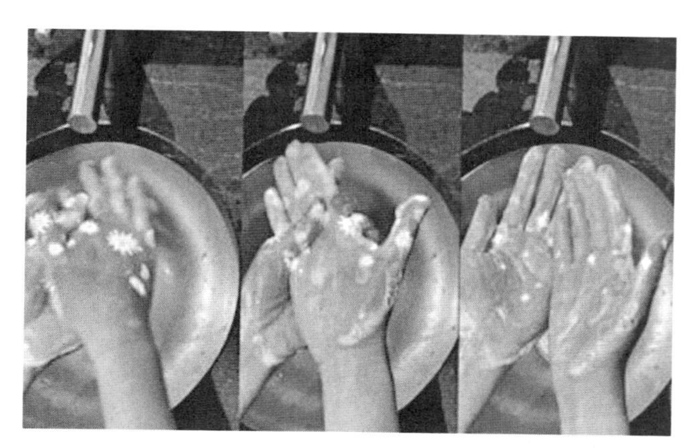

图 7-14　不忍直视的投射细菌观感会让人们更仔细地洗手

医疗保健服务设计者和产品主管需要借助超视的感知和反馈能力为数百项日常健康决策找到完善的方案——包括吃什么、什么时候吃、睡前活动、压力管理、社交等，以此助推健康活动并避免过程中的风险。如果反馈过于怪异或唠叨，人们会拒绝使用这种服务，并将设备扔出窗外。如果这些系统设计巧妙且有说服力，它们就可以改善行为，改变所有慢性病种类的治疗成本曲线，每一种慢性病每年带来的生产力损失和医疗保健支出高达数十亿美元。

由于像超视这样强大的传感器可以获得诸多与我们的健康和活动相关的私密实时知识，我们还必须使用选择性加入等类似政策及边缘计算等保护隐私的网络架构来保护个人信息。如果数据得到正确使用，那么它就可以鼓励积极的健康行为。数据也可能导致保险公司拒绝与投保人订立保险合同或对那些已经存在不良身体状况或习惯的人收取过高的保费，因为这些身体状况或习惯可能会带来昂贵的护理费用。对数据共享的担忧是人们拒绝基因检测或拒绝心理保健的原因之一。为了减少这种风险，我们需要具体明确地说明哪些人有权监控个人数据：他们的家人？他们的初级保健医生？研究人员？监控时间是多长：几天或几年？以及什么样的解决方案：个人的、汇总的还是反识别的？

有诸多好的理由支持你分享健康数据，以及诸多技术可以实现匿名化分享。当涉及公共卫生时，数据集更大、人群分布更广、变化更多，这样科学结果才会更可靠、更准确，个人才能获得更完善的疾病预测结果和治疗方案，这也为解决目前困扰医学的数据偏见问题提供了出路。借助苹果健康和每天戴着 Apple Watch 的 5 000 多万人提供的海量数据，苹果公司在该领域处于领先地位。他们收集和存储关于心率、心电图、压力、体育活动、冥想、睡眠和洗手等内容的信息，然后去除个人信息，将其提供给科学研究项目。

在撰写本书时，美国的健康保险公司无法因已存在的身体状况收取额外的费用，但他们可以利用数据来推广特定的项目，比如减肥、缓解高血压或戒烟等，通过提供实实在在的现金激励或保费折扣来换取客户的健康习惯信息。起初，这看起来很公平。如果你能证明你可以采取正确的措施来减轻压力和保持身体健康，健康保险公司可以降低费率或提供亚马逊礼品券。你是健身房会员？这可能会让你每月的保费降低一点。你定期记录自己的卡路里摄入量？保费再降低点。如果你处在健康曲线的正确一边，这种自主选择加入的降低保费的方法确实很不错。但另外的人呢，无论是因为他们患有慢性病、暂时性行动不便，还是因为生活在无法获取新鲜食物的地区，都会饱受困扰。而他们却是最需要健康保险的人。

超视怎么能留意到动态定价的风险呢？好吧，摄像头不会说谎。保险公司的人工智能算法可以直接通过你车里和家里的虚拟眼睛来观察你的吸烟状况或驾驶行为，而不需要你自己主动报告。保险公司开始为活动跟踪器、联网秤、血糖仪和血压袖带等量化自我的设备补贴成本。例如，你的智能手表可以跟踪你的步数、压力水平、是否冥想，以及你晚上的休息情况。保险公司还会处理你的公共社交媒体信息，找到你的健身房自拍，以及你最近迷上的风险等级极高的洞穴潜水。

虽然许多40岁以上人群对于与保险公司共享任何数据持谨慎态度，但是对小额支付软件Venmo的用户而言，形势却在发生改变，尤其是如果保险公司采取了选择性加入的两步式数据共享方法。第一步，让用户能看到自己的数据和数据趋势；第二步，赋予用户选择的权利，只有在得到他们许可的情况下才能与他人分享数据。汽车保险领域正在推行这种模式。起初，美国前进保险公司（Progressive）和其他汽车保险公司推出了用来收集速度和加速度数据的汽车黑匣子，并将数据直接上传到公司的服务器上。客户对此是完全拒绝的。现在，美国州立农业保险公司发布了采集相同数据的应用程序，并将其以安全驾驶分数的形式呈现给客户，客户可以选择通过同州立农业保险公司分享数据来获得折扣。

健康保险公司应该采取同样的策略。首先，提供可穿戴设备、连接设备和超视传感器设备，用于评估生活方式、风险、饮食和情绪，预测摔倒情况，感知早期咳嗽症状及其他功能。其次，先向客户展示这些个人数据，并授权给客户选择是否及与谁共享他们的数据，作为交换，公司提供切实的好处。由此产生的健康和保健信息的民主化数据架构可以彻底改善针对个人的积极预防性护理，进而创造一个更健康、更安全的社会。

08 “透明”城市：掌控一切的超级工人

我的另一个妹夫埃德·波利（Ed Poli）在现实生活中是一位超级英雄。他之前曾在汤加王国的和平队工作，然后在非营利性机构“为美国而教”（Teach for America）组织的贫民区学校工作，而现在他在曼哈顿哈林区的一个世界上最繁忙之一的消防站任消防队长。每天，埃德和他的队员带着27千克重的装备跑上高楼、破门而入、找到火源，有时还把吓坏了的孩子顺着楼梯扛下6楼，拯救他们的生命。

上一年夏天，我们在长岛湾钓鱼，谈论起我在增强现实和X射线视觉用于医疗保健和建筑方面的工作。他的眼睛突然亮了起来。

“等一下。你是说我们可以制造水中透视的眼镜？”他兴奋得手舞足蹈，“我想看水里的鱼群！我想看深水区！我想戴着眼镜看水下的鲷鱼群！”

我们展开想象，想象水如果像玻璃一样清澈的话会是什么样子：我们会看到水下的鲷鱼和龙虾，以及鲈鱼如何以每小时30英里的速度游过，然后袭击我们的鱼饵。沉默了几分钟后，他有了新的想法：“罗斯，你知道什么会改变我的消防队现状吗？搞清楚怎么才能在烟雾中看清方向。这样我就可以更快速地找到被困人员及火源了。”

烟雾中看清方向：急救人员的全谱视野

埃德的愿望现在有实现条件了。加州的 Quake 公司为消防员提供的“仿生眼睛”可以让我们在黑暗和烟雾中看清方向。他们的烟雾头盔能够突显墙和人的轮廓，并通过不同的颜色显示热成像的“热点”和涡旋（见图 8-1）。这种头盔还具有降低噪声的功能，可以降低消防员的呼吸声，这样他们就可以更好地听到受害者和团队中其他成员的声音。

图 8-1　可以让人在烟雾中看清房间结构及人员位置的烟雾头盔

消防的特点是信息密集、时间紧迫、高度协作且危险性高。埃德告诉我，作为消防队长，在救火的路上，他可以获取曼哈顿任何一栋建筑的基本描述，但这些信息都是纸质的，而且经常是过时的。他很希望能够给队员提供在更多建筑物中的导航帮助，尤其是在他们定位到受困人员并需要确定最安全的路径之时。这些数据被称为建筑信息模型（building information modeling），现在我们可以在云端获得近几十年建成的建筑的信息。超视眼镜如果能够显示建筑环境地图，那么对急救人员的帮助会非常大，就像在第 1 章中提及的轮床一样，可以在地面上投射箭头，帮助急救人员确定病人的位置。理想情况下，具有超视功能的消防员头盔可以投影建筑结构的地图、其他消防员的位置及其生物统计数据，以及他们周围流过的热量——可以表明他们距离火源的距离。配有热成像仪的无人机如虎添翼，它们在外面盘旋或是穿过建筑物时，可以用来观察现场。

在此处应用增强现实的理由无可辩驳。嵌入热成像仪和遥测仪的头盔让紧急救援人员更加无所不知，可以更有效地拯救生命，使救援任务变得更轻松。很少有人会反对为此类设备的设计、开发和部署提供资金支持。这也可以让我们更好地预见增强现实的未来。

在设计研究中，我们经常试图去寻找代表极端使用案例的环境。设计师们为了获得关于居家烹饪的洞见，会去参观工业厨房；为了设计出更好的外套，会采访登山者。从消防、建筑和工业中的应用中我们可以窥见超视的颠覆性力量，这已经超出了我们在第 6 章讨论的电子游戏的概念。

拥有 X 射线视觉功能的超级工人：“透明的”城市、数字孪生、AR 云端

不管是救火还是修车，数以百万计的产业工人很快就会具有增强的“仿生”视力。相比被视为巨大的颠覆性飞跃，它会被看作拓展版的标准工作设备。如今，几乎每家工厂、发电厂、炼油厂或其他工业环境中的工作人员都已经配备了安全眼镜，就像消防员佩戴头盔一样普遍。在不久的将来，起保护作用的有机玻璃面罩中将会融入超视功能，这会更有利于产业工人学习工作中的新任务、检查工作，专家甚至在需要时可以“透过”工人的双眼进行观察并提供及时的帮助。

想象一下，你的工作是修理飞机发动机、电线杆上的变压器或核电站的水泵。任务很复杂，每拖延一个小时，就可能损失数百万美元，但如果有失误，后果很严重。传统意义上，你可能会参考厚厚的产品说明书，其中包含数百个步骤，包括拆卸组件、重新组装、运行测试、查阅清单等。很快，所有这些信息都会出现在你的视野中。在查看需要修复的机器时，你会同时看到其类型和型号、机器的维护历史和性能记录。超视眼镜会指导你完成每一个维修步骤，照亮个别零件及提示需要采取的行动。工作过程时，超视眼镜会对每一步操作进行确认，推荐合适的工具和做法，照亮并提示下一步。如果有其他人需要完成相同的步骤，你的任务也可以上传到云端，并附加到操作对象的数字孪生模型上，创建训练模型。

数字孪生是指由数据驱动的对象或系统的复制品，包括建造信息和运行信息。其实就是某一个对象的虚拟代表，弥合了物理世界和数字世界之间的鸿沟，可以把它想象成引擎、飞机或火箭飞船的虚拟翻版。它包含所有组件的详细数据，以及持续的交互日志：由谁组装、上一次服务日期、下一次服务日期、失败的可能性等（见图 8-2）。

图 8-2　工业电机上的数字孪生数据层揭示了性能指标和服务指令

这些数字复制品也实现了安全、低成本的测试和迭代。公司不会愿意在价值数百万美元的生产线上进行实验，但通过创建模拟，它可以在问题发生之前预测问题，并在没有物理风险或材料浪费的情况下测试新的想法。如果这个概念在虚拟世界中有效，那么它就可以被替换进现实世界。

孪生的概念起源于美国宇航局。20 世纪 60 年代，在阿波罗登月任务中，所有的设备都制造了双份。如果太空中的火箭出现问题，工程师们就可以利用地球上同样的火箭来排除故障或找出故障，并测试哪些部件可以进行修缮，就像在著名的“阿波罗 13 号”事件中一样。

在地球上，数字孪生的生成技术在我们身边随处可见。10 年前，带有旋转式激光雷达（light detection and ranging）车顶摄像头的谷歌和苹果汽车开始对街道和建筑进行数字化，现在我们都在致力于创建世界版的建筑环境数字孪生地图。你拍摄并上传到云端的每张照片都包含一小行元数据，包含纬度、经度、海拔和方向。然后，摄影测量算法能够使用同一场景的多张平面照片来推断三维结构。最新款手机中内置了激光雷达传感器，可以捕捉每秒 60 帧及厘米分辨率的 3D 扫描。拥有大量传感器的汽车，也可以成为扫描系统，为全球规模的 AR 云提供支持。如果工人们开始佩戴带有测距摄像头的眼镜穿过发电厂、工厂和办公楼，世界数字化的进程会加快。就连你的 Roomba 扫地机器人也加入了扫描大军：它在你的地板上来回滚动，撞上咖啡桌的同时，客厅的数字孪生就创建成功了。这可能是 Roomba 扫地机器人最重要的工作：不是在你的地毯上重新撒上猫毛，而是以高度的准确性绘制你的家具和装饰布局，然后共享到 AR 云端。

是的，自动数字化（automatic digitization）听起来有点令人毛骨悚然。但作为交换，我们的收获也是超乎想象的：首先是在医院等复杂场所的导航，其次是库存和保险方面的收获，最后是预测风险，也许还能提出新的设计。许多服务会使用现实世界的数字复制品进行测量和建模。

我们前面已经了解了热成像仪如何在烟雾中增强我们的视力，以及数字孪生如何将 3D 方案和性能数据叠加到机器上。但是，如果我们低头就可以透过层层混凝土和路面，看到巨型的水管、污水管道及地铁隧道等基础设施，岂不是很神奇？感谢 ESRI 公司这个地理信息系统（geographic information system）软件领域的早期领导者，城市透明度所需的数字孪生数据已经存在了。

20 世纪 90 年代末，ESRI 公司的 ArcGIS 桌面软件被拥有地理信息数据的客户采用，如海洋学家、矿业公司、交通与城市规划者、进行政治选区划分的统计学家、科学研究人员等。现在所有地理信息数据都已上传云端，手机、平板电脑及将要上市的智能眼镜上数千个应用程序都可以使用 API 访问。建筑项目中，很难预测水电管道的位置，ESRI 为微软的 HoloLens 耳机开发了一款 AR 应用程序，使公用事业工人低头就可以看到水泥路面下运行的城市循环系统（见图 8-3）。如果他们发现数字孪生系统与消防栓或街道的实际位置之间有任何差异，他们可以直接在现场进行调整。该应用程序以 1:1 比例的城市透明地图帮助建筑经理去建设新的公交站时，准确地知道哪里不该挖，以免触电。

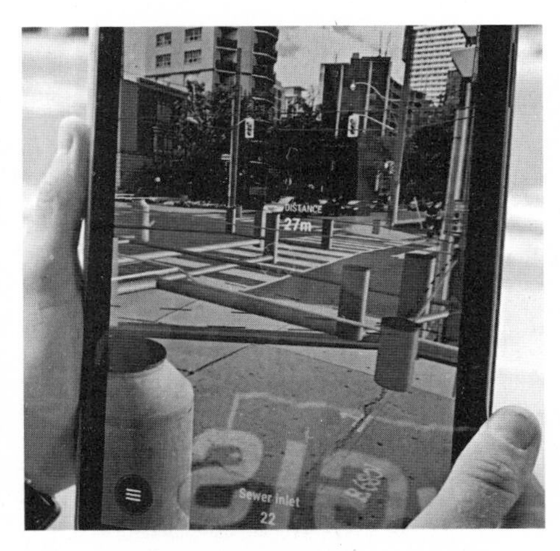

图 8-3　可以透视水泥路面的 AR 应用程序

我们的工作场所、工厂和发电厂，
乃至整个工业界，都应该配备增强数据。

吉姆 · 赫佩尔曼
PTC 首席执行官

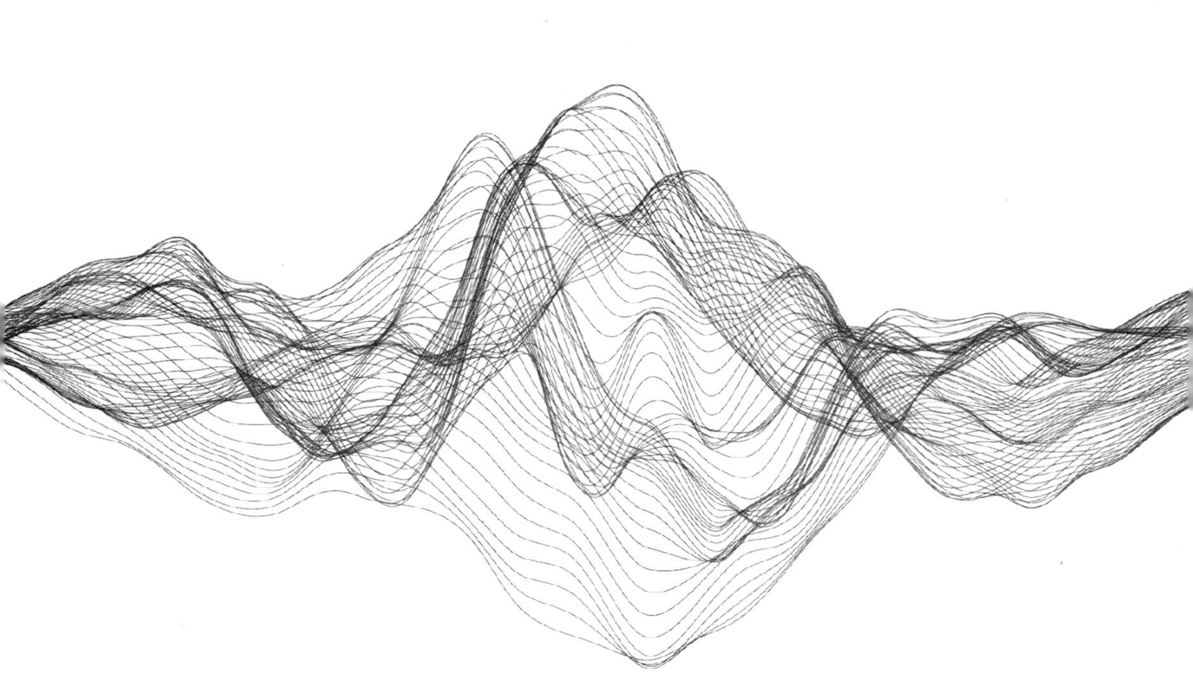

要使这种投影地图真正地发挥作用，需要两个工具：数字孪生和空间锚定。无论是 GPS 坐标还是可识别的静止物体，比如建筑立面，这两个工具都可以让你定位并缩放数字复制品以匹配实际物体。使用这种对齐机制，数据可以直接投射到你想要查看的对象上，供你查看其内部内容。这使工人能够看到一切，包括电气设备及重量级机械，避免了直接接触带来的危险。电子变压器或铣床的数字复制品被投射到你的视野中，通过对齐和缩放完美地适应对象，并让你在移动头部和四处走动时也可以及时跟踪对象，这给人的感觉就像是动画版的 X 线视觉。

假如你是一位发动机修理技师。你的眼镜不仅可以在真正的机器上叠加 3D 复制品，还可以发现破碎部位或磨损的部件。它们会放大视野、照亮视野，这样你就可以通过放大来仔细观察磨损部位，或者修理非常微小的部件，就像在手机上按住图像来让它变大，不同的是，这是在现实生活中。

系统会知道机械师过去在哪里犯过代价高昂的错误，并告诉你什么地方需要放慢速度以对复杂而有风险的步骤进行排练，或者去寻求专家指导。如果你还需要其他帮助，远程的同事会通过你的眼睛进行指导，或者通过你的眼睛来确保任务被正确地执行。通过预测分析来分析源自数千次其他发动机维修的数据，你的眼镜将识别出哪些部件未来可能需要维修，因此你可以选择今天就解决这些问题。你在使用备件的同时，系统还会自动订购替换备件。

对公司而言，在具体情境中查看丰富的元数据极大提升了效率。查看任何对象时，通过触发视觉搜索，并从该对象的数字孪生云数据存储中显示相关数据、历史记录、训练和预测，可以节省时间和精力。机器和工厂规模越大、越复杂，投资回报就越快到来。停机时间的成本高昂，而有了预测维修算法，机器发生故障的概率会降低，恢复时间更短，这意味着生产线运行效率更高、成本更低。由于技术人员在工作时不用查阅烦琐的屏幕或纸质手册，他们的双手将被解放出来，安全性将得到改善。在更广泛的范围内，各公司可以通过部署计算机视觉来监控庞大的工业基础设施，大幅削减成本、改善服务，并提高安全性。

对许多企业来说，吸引力较小的是将AR应用程序从工厂推广到大众市场这一不可避免的趋势，如宝马的AR应用程序（见图8-4）。因为有了超视，每个人都可以成为专家。有了合适的部件，3D视觉指导可以确保每一步正确执行，即使是机械小白也会收获更换管道垫圈、更换割草机皮带和添加汽车液体的信心。

图8-4 法兰克福车展上的电动SUV“AR讲解员”

向经销商收取服务费的汽车制造商将面临转型，其他企业则乐于让客户自己承担简单的维修任务，因为产品退货会降低利润率。自助经济（self-service economics）最终将使消费者更聪明、更有能力，产品更实惠、更耐用，因此自助经济通过循环经济而变得可持续性更高：如果东西还可以修复，我们就不太可能扔掉它们，因而就更有可能购买可以修复的旧物品。

超视指导将使自己动手（DIY）维修变得更容易（见图8-5），而在工作场所，针对特定的新任务培训员工或新人也会从中受益。

图 8-5　有了分解视图和分步指导，DIY 维修并非难事

全息大师引导：增强培训仿真

正如视频网站 YouTube 和 DIY 网站 Instructables.com 展示的那样，我们已经进入了“专业技能人人皆可有”的时代。想学习如何修理水龙头或者给酵母面包加酵母吗？你不需要参加培训课或烹饪课，而只需要观看他人分享的三分钟视频即可。

空间计算可以将内容锚定到现实世界中，这将推动下一个 YouTube 规模的 DIY 内容公司，非常适合帮助人们现场解决任何问题。当专家指导直接投射到感兴趣的对象上，并有人在你耳边低语时，所有的爱好，包括工艺项目、3D 打印、园艺、无人机等，都会变得容易得多。

新手则经常从经验丰富的人的指导中受益，尤其是任务危险性高，或者涉及昂贵的材料时。对于所有内容，从社交互动、运动教练，到应急救援人员、农民，增强培训都是AR撒手锏级别的应用。

其中的巨大市场之一就是企业培训。目前，培训的内容通常枯燥无聊，有一定的提前性，总是“以防万一”，不切实际，例如，以防由于气候变化而出现极地涡旋、电网瘫痪、天然气管道全部冻结。学习的知识并不能在短时间内得到运用，这就意味着大部分知识都被遗忘了。这导致了成本昂贵、材料浪费、人身伤害，以及培训本身的声誉变差。不然你为什么要在无聊的工作研讨会上吃这么多零食？如果能够及时、针对具体情况，并仅在必要时提供培训，培训才会更加有效。

当今最常用的一个超视培训应用程序是由一名职业运动员创建的，他理解真实的场景比教室和会议室更重要。STRIVR是虚拟现实平台，由斯坦福大学橄榄球运动员德里克·贝尔奇（Derek Belch）创建。他的研究发现，让球员沉浸在复杂的比赛中有助于他们更好地记住比赛，并在球场上犯更少的错误。这种方法很奏效，因此许多NFL（美国职业橄榄球大联盟）球队购买了VR头显，并开始在练习中创建360度视频，要求球员以自己四分卫或近端锋或其他位置的视角重新体验，慢动作重复动作。背后的理念就是，通过同步行为，教练可以让球员本能地做出决定。

STRIVR还发现，这不仅在足球比赛中奏效，在沃尔玛也同样奏效。在沃尔玛，排练的剧本不是关于传球和拦截，而是如何应对愤怒的顾客或黑色星期五的购物热潮。沃尔玛的一篇博客文章中写道：“VR使员工可以体验真实的商场环境，能够练习、学习和处理困难的情况，同时不需要重现破坏性事件或扰乱顾客的购物体验。”“归根结底，员工所做的一切都是为了给顾客最好的体验。通过虚拟现实，员工可以看到其行为产生的结果。这有利于员工在虚拟环境中发现错误并掌握处理的方式，以至于在现实生活中有类似的经历时不会出现不知所措的情况。”

在成功的业务转型中，STRIVR 从拥有 1 700 名 NFL 球员的市场发展到为 220 万沃尔玛员工服务。这种新形式的零售业培训不需要教室培训，也不需要到总部去培训。当商店客流减少时，员工可以沉浸于培训体验或复习最佳实践策略。

STRIVR 还被用于对建筑工地员工进行安全培训。阅读重型机械操作手册，或者被告知设备的危险性或问题是一回事，感觉到脚底下机器的振动，或者当你不遵守指示并体验千钧一发的时刻时，完全是另一回事。当全息专家完成一系列任务时，模仿他们的动作远比根据书面指示完成这些动作要容易得多。

我在 MIT 的同事萨拉·雷姆森（Sara Remsen）也致力于改善工业领域中的工作场所培训，如制造业、建筑业、矿业和制药实验室，但她使用的是 AR 而不是 VR。她创办了一家公司，使编写和使用培训模块变得流畅自然。她的软件基于 AR，称为 Expert Capture，是涉及一个或多个物理工具或场景的任务的理想选择（见图 8-6）。如果零件必须先铣削，然后抛光，然后测试，软件就会在工作环境中投影一条丝带，就像一根绳子，引导受训人员从一个地方移到另一个地方。

能够训练下一代员工安全有效地执行体力任务显得尤为重要。随着熟练工的退休，美国的工业制造商预计将在未来 10 年面临数百万个空缺岗位。也许这就是为什么萨拉的公司推出后不久就被波士顿的工业软件巨头 PTC 收购。现在是时候改进工人获取和学习关键信息的方式了，减少浪费和培训成本每年可以为制造商节省数千万美元。超视成为实现这一目标的关键技术。

图 8-6 机械师使用 Expert Capture 的场景

注：借助 Expert Capture，机械师只需完成手头的工作就可以创建经验式指导手册。

辩证地看待超视
SUPER SIGHT

增强现实会让人类丧失专业知识吗？

通过增强现实进行专家指导有可能使许多事情变得更容易。当你考虑到“人类 + 计算机”的双重结构时，我们应该允许系统中的人类“退化”到何种程度呢？在汽车店里，电脑已经完成了大部分的诊断任务。如果系统引导机械师执行复杂程序中的每一个步骤，那么需要多久“人类的专业知识”会变成一种矛盾的说法？如果专业知识存在于云端，那么机械师、飞行员、医生、律师或服务技术人员也不需要再去掌握它们了。

自动化程度越高，人类的技能和肌肉记忆丧失得就越多。在《玻璃笼子》（*The Glass Cage*）一书中，科技作家尼古拉斯·卡尔（Nicholas Carr）认为这些损失的代价是惨重的：自动驾驶导致飞行员技能退化，并可能导致灾难性的坠机事故；自动制图（AutoCAD）限制了建筑上的创意，并造成类似“网格线对齐”的相似性，这种相似性在城市中充斥的玻璃建筑中可见一斑。我们已经变得过于依赖全球定位系统的导航，以至于我们的孩子已经失去了阅读地图和在现实世界中定位自己的能力。正如英国皇家航海学会（Royal Institute of Navigation）前主席罗杰·麦金利（Roger McKinlay）在《自然》杂志上感慨道：“如果不加以珍惜，随着对智能设备的依赖程度越来越高，我们天生的导航能力将会恶化。”

然而，同样的“丧失”论证可能也被用来针对今天的任何应用程序或不同时代的辅助技术，从轧棉机到计算器：闹钟和手表剥夺了我们天生的时间概念；书面文字扼杀了口头讲故事的深厚传统；电子音乐扼杀了原声制作；视频杀死了电台明星。也许确实如此吧，但也会产生抵消这些损失的平衡效应：我们丧失了曾经狩猎时的灵敏度，但超视给我们带来了更多的阅读时间；我们的快速计算技能已经大不如从前，但越来越多的人通过小学的 Scratch 编程课程、中学的机器人基础知识、高中的 Python 编程课程，掌握了编程的技能；单凭快速的数学技能和准确的方向感，你也无法将火箭重新降落在移动的无人机舰艇上。

我最关心自动化和机器学习的一个方面就是那些给我们带来快乐的消遣时光，因为它们的不确定性，也因为我们花了很多时间来发展我们来之不易的技能。像探鱼器这样的工具，可以精确地显示投下诱饵的位置和深度；或是单板滑雪增强护目镜，可以画出非常窄的路线以方便你下山。这些工具都很强大，虽然为钓鱼和掌握陡坡技能提供了捷径，但它们似乎剥夺了我们爱上钓鱼和自由滑行的初衷。当精确的引导在不受任何限制的海洋或山脉上为你设置护栏时，同时也限制了你的冒险体验。

如图 8-7 所示，CleAR Water 将水下地形叠加在湖面上，通过机器学习的概率云来确定捕获某种鱼的特定诱饵及精确深度。这是电子探鱼技能的自然进化吗？还是说这种辅助功能过于强大，让水上垂钓规定性内容太多，剥夺了我们发展习得性本能的机会，更不用说随意性和无聊性，而这些本身也是钓鱼旅行的一部分内容？

图 8-7 CleAR Water 将水下地形叠加在湖面上的效果图

留下所有流浪者的标记

迫切需要嵌入和锚定专业知识的一类对象是老化的基础设施：电网、自来水厂、桥梁和交通网络。了解这些复杂的系统、机器的安装方式、某些特殊的问题，以及如何维持运行的人年纪越来越大。但对于拥有数十年重型机械操作经验的人来说，他们熟悉的内容对于从事这些工作的数字原住民来说，是完全陌生的。他们习惯于滑动和敲击，不习惯遵循手动杠杆和模拟调节器的复杂步骤序列。他们看不上老派的航天飞机，他们期待的是 SpaceX。

这就提出了重大挑战：关于年久的重要基础设施，我们如何有效地将老一代工人用心积累的经验传递给年轻一代工人呢？除了翻烂的发黄纸质手册，我们是否可以直接在老旧的建筑及其周围环境上留下有用的标签、标记和注释，以此来培训年轻一代呢？

这种跨代可视化融合技术并非来自未来，而是源于过去的一个有趣的故事。

在 20 世纪 30 年代的大萧条之后，美国数百万人失去了工作、农场，很多人还失去了房子。这些流浪者发明了一种异步语言（asynchronous language）来交流信息、帮助彼此：栅栏柱子、墙壁和房屋两侧的标记，被称为“流浪者标记”（hobo mark），今天仍然可以看到。

这种语言由一系列象形文字组成，每一个象形文字都具有特定的含义，比如家里住着的是好心的女士还是不诚实的男士，此处是危险还是你可以安心在此处过夜，或者此处可以用劳动换饭吃。向下的三角形意味着此处有其他流浪汉，向上的三角形加一顶小高帽表明房主很富有。所有这些标记都可以帮助无家可归的人找到医生、睡觉的地方，或者是下一顿饭。这就是众包支持模式，名副其实的利用环境传递信息，而所有这些都是用小刀在篱笆柱子上刻出来的。

流浪汉标记的奇妙之处在于，这种编码的信息编纂方式具有持久性、符号性，而且是基于特定环境的。它是标记在环境中的空间化信息共享系统。如今，有了 AR 技术，我们也能在世界上留下属于我们的数字化流浪汉标记，供他人使用。

2019 年夏天，我在一个创新领袖会议上举办了一个研讨会，给每个人都布置了一项任务。首先，我要求每个人安装应用程序 World Brush，通过这个程序，人们可以在周围世界中做标记。这些标记对手机摄像头可见，它们被锚定在适当的位置并共享给其他人，所以其他使用该应用程序的人可以看到这些标记，以及包含了该地区所有的标记的 600 米高空的鸟瞰图。然后，我要求研讨会的参与者开始用 AR 标记周围环境，并坚持下去。我们当时在大西洋的楠塔基特岛，那里的市中心只有 6 个街区，密度足够大，研讨会的参与者几天内就可能会撞上彼此的标记。

于是，所有人都走出去了，开始绘制符号（见图 8–8），帮助彼此。例如，美味的餐馆有很多标记。于是我就想：如果你打开 World Brush 程序，就可以看到大家推荐的实体餐馆、商店及镇上其他有趣的地方，推荐越多，星星就越多。这是不是意味着当我们造访某地时，就不再需要朋友推荐值得去的餐馆和地方了？

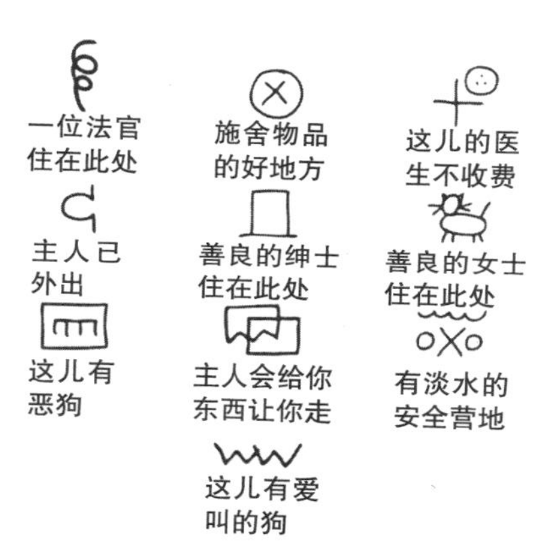

图 8-8　楠塔基特岛上的 AR 流浪汉标记

注：楠塔基特岛的很多餐馆画着 AR 流浪汉标记。这些空间符号帮助其他与会者找到最佳去处或需要避开的去处。

使用 World Brush 等工具的过程总是会带来许多关于趣味设计和数据策略的问题。例如，这些标记应该持续多久？研讨会持续一个下午，之后人们将在岛上再待一两天。他们会希望同样的标记持续到明年夏天吗？另一个问题是有多少其他人应该看到这些标记。我们的研讨会有 20 人，他们很显然想看看彼此的标记，但同样的评级和分数是否也可以让其他造访楠塔基特岛的游客看到？或者这些标记会不会让当地人感到困惑和沮丧呢？因为他们一年 365 天都住在这座岛上。这些标记什么时候是有用的，什么时候只是无意义的虚拟涂鸦？

神经科学家博·洛托（Beau Lotto）设计了一款基于位置的消息传递系统，并将其命名为 Traces。该系统回答了在空间上锚定消息时面临的设计问题。

Traces 会根据所在位置发送指定信息，信息形式包括文本、音频、视频或者其他任意形式，只有到达特定位置，才能看到信息。如图 8-9 所示，你可以选择消息持续的时间：一小时，一天，还是一年；以及所见范围：公司的所有同事，还是所有人？当权限范围内的某人到达该位置时，他们就会收到消息。例如，我可能会在演讲厅外留下一条 Trace 信息，为迟到的人介绍特邀演讲人，或者在意大利餐馆外留下信息，向任何在那里就餐的朋友推荐提拉米苏。在世界各地留下隐藏的消息还增添了一抹神秘的色彩。

有意义的符号对很多种类的工作都很重要。使用说明可以留在设备或工具上，同时也可以附上检查表和维修日志。其中一些虚拟标记应该永久保留，如高压危险。其他的，如给自己的提示，只需存在于任务期间，一旦任务完成，标记就会消失。能够指定观众群体也会有所帮助，相比经验丰富的员工，初级电厂员工可能需要看到更详细的说明。任何有错误重置电网记录的人都可以得到一点额外的帮助。

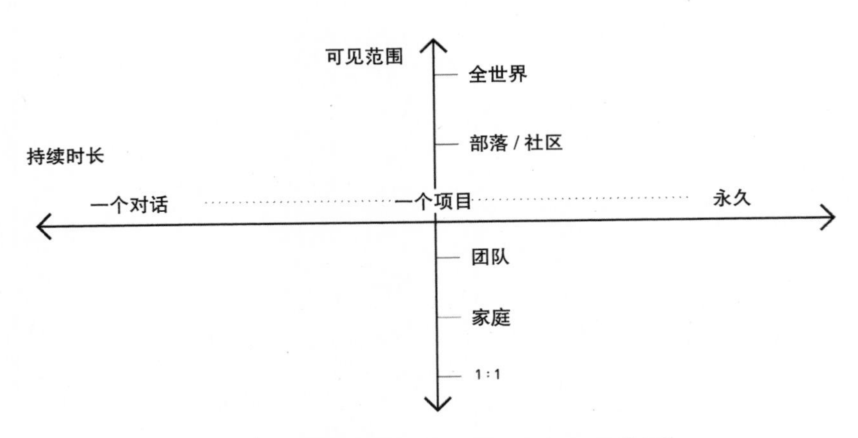

图 8-9　虚拟标记的可持续时长和可见范围

注：这个结构显示了虚拟标记无限的生命周期，从只存在几秒钟到永远存在；以及可见范围，从一个人到所有人。

超视的潜力在于捕捉并嵌入关于使用说明的专业知识，然后根据需求程度在最需要的地方提供这些知识，这将揭开数百万种情境的神秘面纱。也许在工作场所应用超视的一个更大的潜力就是提升安全性。

事故预测：共享培训数据，提升工地安全性

根据致命职业伤害普查，建筑业是地球上最危险的工作之一。每天，建筑工人都需要在高处的梯子和脚手架上工作，操作重型机械和电动工具，以及从事其他危险任务。这类工作对体力要求也很高，受伤是常有的事，死亡也不罕见。我们如何使用超视来保障这类环境中的安全性，同时也提升工作效率呢？

对于超视来说，建筑业是完美的试验场，因为这里的工作多是体力劳动，而且我们在第 6 章也提到，它与许多环节相关。虽然总有详细的数字图纸和关于完工建筑完整的建筑信息模型，但实际的工地则涉及多个环节，极度混乱。

"做规划是这个行业中唯一平静的部分。"曾在麦肯锡担任战略顾问、现就职于 Suffolk 建筑公司的吉特·基·奇恩（Jit Kee Chin）坦诚道来，"除此之外，只剩下控制后的混乱了，因为数百个不可预测的事情都有可能出岔子。"她是我见过的最敏锐的分析师之一，也是男性主导的建筑管理领域的女性佼佼者。作为公司的执行副总裁兼首席数据和创新官，她对 Suffolk 在全球诸多建筑项目中延期和风险的根源娓娓道来，并对能够解决这些问题的有前途的公司进行了一系列风险投资。

"对建筑行业而言，安全是一项巨大的挑战。"吉特·基在 2019 年 MIT 的 EmTech 会议上提到。为了解决这个问题，她投资了 Smartvid，并与他们合作开

发基于细微视觉信号来预测伤害的算法。Smartvid 是一家由超视赋能的初创公司，旨在通过识别多种风险来保证工地的安全（见图 8-10）。

如果工作人员没有一直佩戴安全帽、在高楼层工作时没有进入安全系统或者离危险机械太近，Smartvid 的系统会捕捉和记录这些事件。图像信息流的来源有很多：跟踪进度拍摄的手机照片、固定摄像头，或工人安全帽上的可穿戴摄像头。系统发现安全风险指标时，包括违反美国职业安全与健康管理局（Occupational Safety and Health Administration，OSHA）规定的行为，如梯子使用不当或建筑材料存在堆放隐患，会将这些都标示出来，汇编到仪表盘中供工人和经理审查，然后将其输入算法，将行为转换为实际风险值和伤害可能性。可以把它想象成带有智能反馈循环的安全检查游戏。

图 8-10　Smartvid 可检测风险并保障建筑工地的安全性

这个深度学习系统是一个大型的概率计算器，可以估计工地未来发生受伤和延期事件的概率。然后，预测分析可以推荐每个工地的优先行动顺序表。根据

OSHA 的说法，消除“致命四因素”，即跌倒、被物体击中、触电和被夹在设备中间，每年会拯救 591 名美国工人的生命。

Suffolk 和 Smartvid 知道自己需要更多的数据来支持和改进算法，而且工作安全应该是建筑业共享的服务，而不能仅仅为 Suffolk 所独享；因此，他们将产品提供给竞争对手，并创建了联盟。在联盟中，使用预测系统的公司都贡献了海量的数据来提高其性能。通过共享数据和最佳实践策略，整个行业的学习效率变得更高，组织也受益良多。一方面他们受益于改进的系统性能，另一方面他们对标行业基准的能力也有所提升。

建立联盟对于深度学习系统尤其必要，因为对于所有成员来说，共享的数据越多就意味着准确度越高，产品性能越好。通过这个联盟，Smartvid 了解到，为了提高预测风险的准确性，应该结合多种数据类型，包括图像、项目数据、工资数据、事故记录等。建筑工地图像与其他的项目相关数据结合起来，使该系统能够更好地检测危险并评估它们实际代表的风险。超视或“非结构化”数据与预测分析的“结构化”项目数据相结合，这种新颖的碰撞释放出了巨大的能量，于是，Smartvid 于 2021 年 8 月重新推出，改名为 Newmetrix。

虽然与竞争对手分享安全信息听起来不合逻辑，但许多公司由于自身数据不足，无法令自己的 Smartvid 系统做出明智的决策；而共享数据意味着提高安全性。这种好处是任何建筑公司都不会拒绝的。

这种超视预测技术也可以用于给建筑工地以外的地方提升安全性，即所有保险公司承保事故的场所。2018 年，我在 AppFolio 的一次会议上作了主旨发言，AppFolio 是一家为房地产管理者制作软件的公司。他们想应用计算机视觉来标记其客户管理的数千栋住宅的安全隐患。如果安全摄像头能发现留在楼梯上的薄冰、玩具或啤酒瓶，或者需要捡起来的垃圾，AppFolio 可以确保租房者享受更安全的环境。

推广来说，汽车仪表盘上的摄像头和无人机上的“移动眼”会自动发现驾驶危险，如倒下的树木或电线、道路上的物体或暴雨后的大水坑。在全市范围内，这些摄像头将为市民服务系统提供风险计算，如坑洼或停放在自行车道上的汽车，然后推荐由概率模型得出的改进办法：花费 13 万美元改建该十字路口，就可以在未来 10 年避免 12 起事故，并节省 36 万美元的医院开支和索赔处理成本。鉴于这种假设的城市安全预见能力，为了城市的安全，保险公司和自我投保的雇主将乐于慷慨解囊，以避免此类成本。

我们越来越多地使用超视来避免危险工作的伤害，并优化付出所带来的产出，从制造业到渔业都是如此，大家会强烈抵制崇尚准确度的未来吗？对于现代的勒·柯布西耶式对钢铁和玻璃完美结合的追求，我相信我们已经看到了对于这种趋势的抗衡，即拒绝超级量化精度的趋势，而追求工艺、小瑕疵的魅力和不对称的美丽。

批量生产真实感，真实的瑕疵

我的一个表妹痴迷于在艺术博览会和陶瓷工作室寻宝，马克杯、碗、陶罐和盘子。这些东西在我看来，像是 5 岁孩子做的。手柄凹陷越厉害，釉面越不光滑平整，就越好。正是因为商店里摆满了崭新的可机洗餐具，她反而更喜欢瑕疵最多的杯子和盘子，她称之为“个性”。到她家就餐的客人会一眼看出每个餐具都是定制的，而且是手工制作——是她花了 80 美元买下的，而这在塔吉特百货（Target）只卖 2 美元。

现在很难看到一件表面做工粗糙的东西，这成了一种特殊待遇。原因就是自动化制造 5 000 个相同的东西比手工制造 5 个差异化的东西成本更低。衣服上的瑕疵，黄铜门把手上的铜绿，破旧的老式皮革家具，甚至翻边的“自制”节日贺卡，都成了遗产和特色的代表。

我们不仅仅渴望细微的变化，而是逐渐喜欢上偏差很大的东西。工厂自动化和机器时代降低了生产成本，结果是带来了一致化的产品。产品一模一样，反而缺少了趣味。如今，我们更希望看到生产流程中的人工痕迹。

为了制作一把经典的丹麦产的汉斯·韦格纳（Hans Wegner）椅子，工匠在车床上进行椅腿塑形，然后手工雕刻和打磨椅背和扶手，接着用木钉和胶水完成接合和细木工活后编织藤条座椅。只要椅子最后呈现出平衡与对称，细微的差异是允许的（见图 8-11）。如果你在收藏家网站 FirstDibs.com 上查看一套这样的椅子，你会注意到每把椅子都很精致，但略有差异，而且售价都超过 5 600 美元。

图 8-11　经典的汉斯·韦格纳椅子

注：其特点是线条复杂，手工制作，存在细微差异。计算机视觉能指导和教授这类手工艺吗？

试着将其与 Cognex、Industrial ML 和 Vision Machine 等超视赋能公司带来的机器制品进行比较。这些公司使用计算机视觉来检测产品在制造过程中的微小缺陷，能够显著提高质量、减少浪费，并提高公司利润。只有完美复制品才能交付，对错误采取零容忍态度，这样的精确度在自动补充式药店是必不可少的，比如，你需要用小瓶子装上正好 30 粒药丸。这些药店使用超视摄像头进行可视化计数，耗时不足一秒，这是人眼达不到的速度。

这些技术具有明显的生产效率优势，对于其正常运行依赖细节的行业来说，也有安全优势。你购买的每一件厨房用具，乘坐的每一架飞机，你开或没开的每一辆车，因为有了生产完美的摄像头和计算机视觉系统，很快都将变得完美无瑕。这类企业希望生产线上有更多的眼睛对产品进行仔细检查和测量，确保产品生产的准确度。总的来说，自动化审查缩小了误差，减少了浪费，并减少了停机时间。

这些摄像头也逐渐剥夺了物品中及周围环境中手工制作的感觉，也影响了我们与日常用品的关系及态度，这是不良的影响。我们可能会渐渐地把周围的一切物品视为商品，而不是手工艺品。这些可淘汰的复制品可以使用，也可以丢弃，无须珍藏和修复。我们制造的产品越完美，就越渴望也越重视真实性、原创性、差异，以及工匠手工制作的证明。手工拉坯的黏土茶壶，虽然不匀称，而且保温效果不如铝制双层保温杯，但就是好看。

具有讽刺意味的是，一些公司正在使用计算机视觉来制造缺陷，“设计”看似真实的瑕疵。例如，宜家推出了出自荷兰著名设计师皮特·海恩·埃克（Piet Hein Eek）之手的家具和家庭用品系列，他的作品以展示手工制作感而闻名。碗不是圆的，椅子也有点不对称，从中更能感觉到真实的手工制作感，因此他的作品也充满了魅力和个性（见图 8-12）。2017 年，我在宜家总部出席一年一度的民主设计日（Democratic Design Days）会议时，宜家的创意总监卡琳·古斯塔夫松（Karin Gustavsson）告诉我：“你可以感受到每一款产品背后的个性，并知道每一款产品都是独一无二的。”该系列的陶瓷花瓶粗糙的表面由数十种不同的手工模具制成。玻璃制品由两台不同的机器制作，整个系列有一种不协调的感觉。具有讽刺意味的是，生产过程中使用了同样的大规模生产技术，所以缺陷感也被制作到了模具中。

图 8-12　有令人愉快的手工制作感的宜家椅子

这种“缺陷的魅力”（flawed charm）在几乎所有的表达媒介中都有体现。例如，在音乐中，我们欣赏不完美：手在吉他上不同的品之间移动的声音，不太合拍的鼓声，黑胶唱片的噼啪声和嗡嗡声。尽管有些制作人很大程度上仍然依赖自动调音，也有许多制作人会“非量化”音乐录音，加入富有表现力的“自由速度”（tempo rubato），这样电子音乐听起来会更柔和。否则，乐曲听起来就像是合成的，很呆板，而且不自然。

在购买的诸多产品中，我们喜爱、渴望并愿意继续买单的是其不完美性。如果你是服装师或陶工，电脑很可能比你工作的准确度更高，但对于那些仍然想要人情味的消费者来说，这也意味着机会，即使手工意味着错误。从某种意义上说，在计算机完善其制造瑕疵产品的能力之前，定制产品和手工产品都无法变得自动化。

这表明，在即将到来的超视赋能的增强和自动化世界中，人类的感知力在获得了不可思议的新工具的帮助后，仍然发挥着真实的和被迫切需求的作用。在展开想象力和大胆创新的时候，更是如此。

09 投射未来，想象未来，预见未来

预见未来很难，即使对未来学家来说也是如此。我们使用场景规划、预测市场和设计虚构[1]等工具来探索未来的可能性。然后，就像第 1 章提及的英国多佛那些第二次世界大战中的雷达操作员一样，我们寻找的是将来可能发展成为重要趋势的微弱信号。我们试图将今天的实验室发明与未来的巨大商业机会联系起来。一项新技术能以多快的速度达到可行性的临界点？通常，最好用对数刻度图（log-scale graph）来刻画，因为许多技术是呈指数级发展的。鉴于蓄电池的发展趋势，直线外推法无法预测到电动汽车甚至电动飞机的出现，但指数眼镜却可以预测出电池驱动的公共汽车、火车、船只和飞机的必然可行性。智能眼镜的分析同样揭示了许多关键部分的指数级发展：小型化的硬件、内存成本、计算能力、显示密度和动态范围，以及预示着超视能力的 AI 算法性能。

技术的整合带来了巨大的发展机遇，关注机遇的同时，我们也查看了次级效应和三级效应，比如我们在家充电时加油站会怎样，以及依赖服务区销售的公司可能会如何应对这种转变。与其简单地观察变化、衡量变化并敲响反乌托邦的警

① 设计虚构，生成性工具，用于想象和探索未来可能的场景。也称作未来投射。通常，这些多个平行世界由推测社会和技术的宏观趋势或由组合一个公司最突出的未知因素而产生。像 AR 这样的沉浸式技术让这些可能的世界变得更加有形、生动，并提供了揭示创新机会的新颖视角。

钟，我更喜欢设想和制作理想未来场景的原型。加油站提供免下车服务，地面下是巨大的储油罐，鉴于此，加油站会转型去提供其他便利服务吗？也许给你的家庭农作物栽培提供水培肥料？

像数字颠覆、云计算、移动和语音接口、物联网、VR 这样的宏观趋势很容易预见，正确地确定普及及被文化接纳的时机却很困难。更模糊的是，初创企业和不易改变的品牌将推出无数的产品、服务和商业模式。这些行业间互动带来的复杂性使得未来学家的工作类似于一场多维象棋游戏。几乎不可能预见技术浪潮将如何发展，更难预测它们的时间。例如，全球疫情及其对餐饮业和旅游业的深刻影响，以及疫情如何促进电子商务、远程医疗、远程学习、家庭锻炼和远程协作的发展，这让很多人措手不及。

由于地缘政治处于动荡之中，气候濒临临界点，我们必须有远见地应对紧要实务。谢天谢地，超视为我们理解和应对转变提供了所需的工具，这就是最后一章的主题：使用增强现实展开想象力、发明创造、说服和确保所有人都拥有更美好的未来。

我认为，超视最好被用作预见工具，原因要追溯到我们的进化树。

未来投射：进化生物学、扩展我们的感知范围

在亚马孙黑暗的河流中，有一种没有眼睛的鱼，称作魔鬼刀鱼。它通过发射弱电场进行狩猎，电场可以延伸到离身体几厘米远的地方。如果一只可怜的亚马孙小蝌蚪恰好游过，电场会被扰乱，魔鬼刀鱼就会扑向这顿午餐。刺激与反应之间的空间和时间都很短，这种情况下能够提前思考并没有什么特别的优势。

为了便于人类的生存和繁荣发展，
我们的眼睛需要在哪些方面进化？

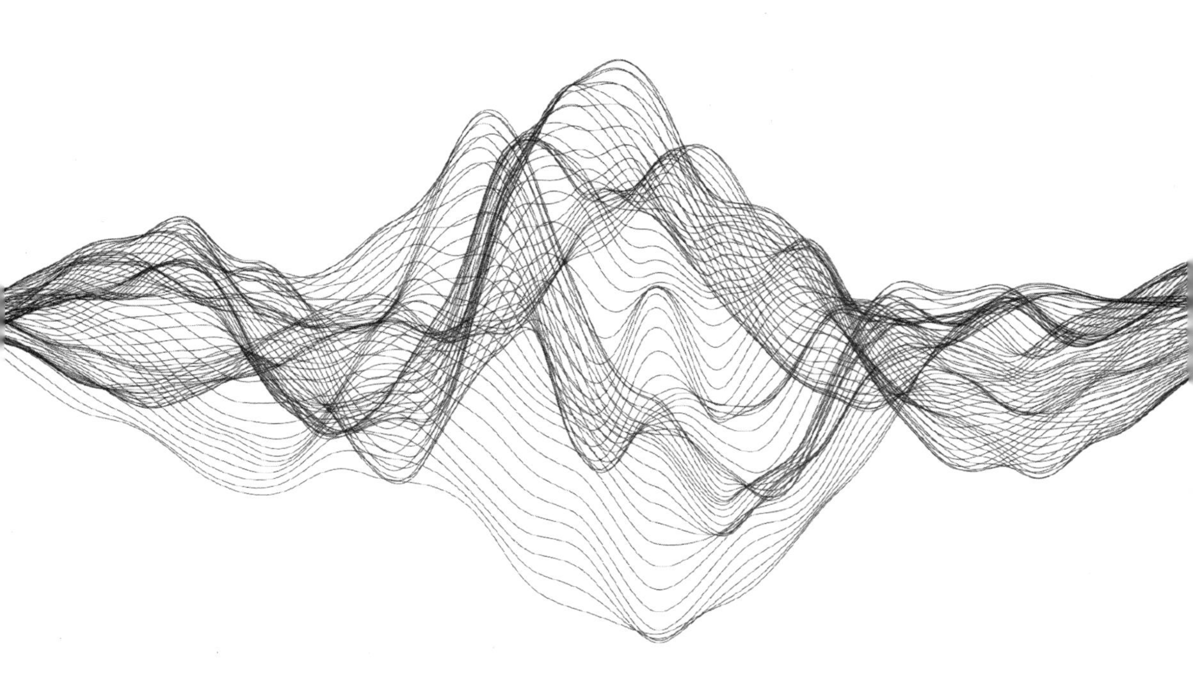

那么再对比一下母狮跟踪猎物的方式。它选择了热带草原上它所能发现的看起来最美味的羚羊（它们代表着有机、自由放养的上等肉质）然后沿着灌木丛的边缘隐藏起来，小心翼翼地选择攻击的时机。

是什么促进了狮子进化出善于规划的精明大脑，又是什么促进了魔鬼刀鱼进化出被动反应式大脑呢？你绝对想不到——答案是眼睛。

我对动物界的视觉功能和复杂的认知任务（如计划）之间的进化联系感到非常兴奋，于是我到美国西北大学的办公室拜访了神经学家马尔科姆·麦克尔弗（Malcolm MacIver）。他将这一假设命名为“布埃纳维斯塔假说”（the buena vista hypothesis）[①]，并因描述这一假说而成就了一篇里程碑式论文。在办公室里，他给我看了一张图表，解释了人类先辈们视力的进化，以及他所谓的感知范围。图表包括单细胞自主动物，可以看到面前约 1/10 000 000 米；也包括游隼，天空晴朗的时候，可以看到 2.5 千米外的兔子。

化石证据表明，人类起源于近视的、大脑较小的脊椎动物，很像亚马孙河中的魔鬼刀鱼。有一天，它们开始看向水面上方，于是看得更远了。五千万年后（进化是需要时间的），我们的祖先提塔利克鱼（Tiktaalik）开始在陆地上匍匐前行，以沿海岸线的蜈蚣为食（见图 9-1）。原因是什么？因为它们可以看到蜈蚣，它们的知觉范围变得更大了。光在水中迅速衰减、迅速暗淡，在空气中能传播得更远。这就是为什么潜艇和海洋哺乳动物使用声音来交流，而不是视觉信号或鳍的动作。视觉范围的大幅增加，即观察水上世界的能力大幅增加，引发了动物认知能力的巨大适应性变化：大脑增长了千倍，并进化出了实用的计划能力。把我

① 进化生物学家马尔科姆·麦克尔弗认为，我们的祖先，四足脊椎动物在泥盆纪时期（Devonian period）具备了更好的视力，从而引发了更大规模的大脑“组织”功能的进化。这不禁让人产生疑问：增强视觉中的下一次进化将如何帮助人类提升？

们的祖先带出水面的是视力，而不是腿。我们从纯粹的被动模式进化到需要对未来进行推理的主动模式。

图 9-1 提塔利克鱼想要捕捉远处的猎物

注：提塔利克鱼（Tiktaalik），3.5 亿年前人类进化的祖先。当它们看向岸上，想要捕捉到远处的猎物，就立即需要大脑来进行计划，以及腿来适应陆地。

在水世界里，因为感知范围很小，所以制定战略和情景规划是没有用的。在空气世界里，更优越的视力意味着我们可以透过树木或池塘看到捕食者和猎物，同样它们也可以看到我们。思考不同的场景真的有了回报，这在我们的进化史上还属首次。

更优越的视力催生了生物的计划能力，然后又成为意识的起源。正如心理学家布鲁斯·布里奇曼（Bruce Bridgeman）所说，意识“是计划执行机制的运作，使行为能够由计划驱动，而不是由眼前的环境突发事件驱动”。或者正如麦克尔弗总结的那样：“除非你能预见未来，否则提前思考不值得。”

那天下午在芝加哥，我向麦克尔弗提出的核心问题是：为了便于人类的生存和繁荣发展，我们的眼睛需要在哪些方面进化？我们是否需要像猎鹰一样看得更远，或者像猫头鹰一样在黑暗中看得更远，或者像蜂鸟一样能够看见红外光谱？鉴于超视眼镜具有能够将任何信息混合到视觉当中的强大能力，我们可以用它做些什么来从根本上改善我们的视力？人类的眼睛需要如何进化？

如今，看得更远，从健康角度来说并不具备进化的优势。反而，看不到快餐店倒是更健康。相比需要望远镜发现远处或黑暗中的兔子，我更可能需要 +2 屈光度的老花镜来辨别小小的食品标签上是否注明饼干有过敏原。在热带草原上，能够看到远处可以帮助我们更好地制订狩猎计划，但这已经不再是一种生存机制了。

如果我们现在思考视觉敏感度，考虑的不是能看多远的距离，而是能看到多远的未来，那会怎样？现代我们面临的迫切问题是气候变化、种族主义、社会不公正、医疗保健机会不足、食物短缺、水短缺，以及（讽刺的是）“窃取”工作的人工智能对人类生存带来的威胁。人类需要工具来理解和解决这些问题。这无疑是我们进化的方向：**看到更远的未来，想象替代方案，并权衡每个方案的重要后果。我把这门学科称为未来投射学（FutureCasting）。**

人类往往很难做出富有远见的决定。我们只有非常努力才能思考和理解自己当下行动的长远后果。任何关注饮食的人，如果他们曾屈服于晚上 10 点钟的薄荷巧克力冰激凌的诱惑，就知道我在说什么。

行为经济学家将这种短视行为称为双曲贴现（hyperbolic discounting）：相比长期的收益，更重视短期的收益。眼前很重要，我们常常忽视未来或贴现未来。这导致我们的储蓄不足，我们将时间和注意力过少地投入遥远的事情上。

因此，眼睛的进化中我们最需要的是隐喻意义上的预见能力。由于准备好的食物随处可得，我们可能不需要像鹰一样敏锐的视力水平来寻找下一餐。然而，作为一个物种，我们的福祉将受益于清晰生动地“看到”行动的长远后果的能力。

在前面的章节中，我们感受到了超视帮助我们跨越时间维度的可能性：丰富与他人的互动；制订近期计划，如本周的烹饪和购物计划；以及制订中期目标，如学习新技能。本章中，我想关注5年、10年或20年后的情况。帮助我们生动地展开对未来的想象，准确生动地传达未来的情况，并在此过程中激励我们采取行动和承诺去实现想要达成的未来，超视在这些方面具有最大的潜力。比如，哪些问题需要鸟瞰才能分析和想象？什么解决方案需要我们在更高的高度才能看到？

空中的预见能力

在北欧神话（Norse mythology）中，福金（Huginn）和雾尼（Muninn）两只乌鸦栖息于智慧和战争之神奥丁（Odin）的肩头，负责为奥丁打探消息（见图9–2）。一位中世纪历史学家描述道，它们“把所见和所闻都同他窃窃耳语。奥丁早上把它们派往人间，看遍世间万物，第二天早餐之前，它们飞回”。天下皆在奥丁掌控之内，万物都难逃他的耳目，奥丁也因此得名“乌鸦神”（Hrafnaguð）。

图9–2 奥丁借助两只乌鸦来调查天下事

注：奥丁能知天下事，这得益于每天盘旋地球上空的乌鸦之眼。至少故事中是这样讲的。

对于任何具备合适工具的人，神话中奥丁的能力都可以由他实现。现在我们有成千上万的乌鸦为我们观察。它们每天绕着地球转，详细观察我们国家的人民、天气、建筑和边界发生的事情，并将我们需要知道的一切内容报告给我们。

它们不再是神话传说中的乌鸦，而是实实在在的科学。

冷战期间，只有少数几个国家有资源部署飞机和卫星来收集监控图像，更不用说通过海量视觉数据来破译主要细节信息所需的人工分析员了。如今，微型卫星、高分辨率数字照片、廉价的云存储和计算机视觉等结合在一起，所赋予人类的观察能力，足以让北欧诸神叹之不及。

天空中的“眼睛”改变了我们收集信息的方式。大量的视觉数据从天而降向我们袭来：planet.com 公司拥有超过 175 颗卫星，每天以亚米级分辨率覆盖整个地球。加上识别数据模式的算法，我们正在进入一个国家、公司或任何人几乎不可能保守秘密的时代——在这个时代，所有实物都变得透明。

超视最终会成为一种行星尺度的现象。当人类第一次看到从绕月轨道拍摄的地球照片时，我们对自己的认识、对地球的认识发生了彻底的变化。这张照片通常被称为《地出》（*Earthrise*）。今天，只需打开谷歌地球（Google Earth），世界就可以显示为一幅连续不断的画布，由越来越详细的卫星图像拼接而成。政府、组织和个人现在可以调查世界上的任何事情，而无须飞机、无人机或乌鸦。

由于数据价格下降、按次付费的商业模式降低了交易成本，以及自动化搜索技术的改善，将机器可读视角扩展到行星尺度并提出行星尺度的问题变得更加容易。通过训练相似度搜索神经网络，我们可以搜索地球上任何可见的东西，梳理拍字节（petabyte，PB）[①] 级别数据只需短短几秒钟。我们在音乐雷达 Shazam 软

---

① 计算机存储容量单位，1 PB=1 024 TB。——编者注

件中第一次体验到模式匹配的魔力，即你在酒吧里举着手机采样，与 Shazam 音乐库进行匹配、保存，然后你就可以跟着歌词一起唱歌。这种模式已经拓展到了视觉领域。

将水池、水塔或火车交叉轨道的照片放入相似性搜索中，系统将找到近似的视觉匹配（见图 9-3）。这些监控数据具有无数的用途，再加上自动搜索算法，结果令人难以置信。比如你是太阳能安装工，想知道哪些屋顶阳光充足却没有太阳能电池板。计算机视觉算法现在可以回答这个问题，并能完成其他需要数百名全职员工才能完成的任务，而且用时很短。这意味着行业参与者可以更快和更准确地获得重要的信息来做出明智的商业决策。计算机视觉支持的卫星还提供了更多关于企业行为、气候影响、军事动员和人道主义努力的公众知识。理想的情况是，这种共同的监督和生动的证据将使人类团结起来，解决地球所面临的最重要的问题。

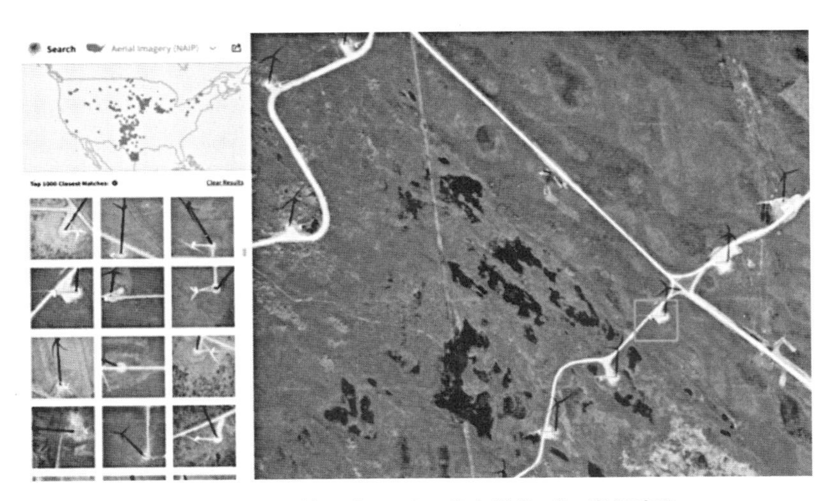

图 9-3　匹配算法在不到一秒内就找到了类似事物

注：我选择了一张风力涡轮机的图像，卫星数据公司笛卡尔实验室（Descartes Labs）利用匹配算法从全球各地找到了类似的图像，用时不到一秒钟。

例如，长期以来，马来西亚棕榈油公司一直难以监测该行业不透明的供应链，无法核实其签约的种植者是否在实施可持续农业。现在，笛卡尔实验室已经为他们提供了所需的工具。卫星数据和计算机视觉可以在一夜之间找到森林砍伐的地点，这迫使棕榈油企业集团兑现在可持续发展报告中做出的承诺，并确保其供应商遵守种植的道德标准。

向金融服务公司及其他公司出售数据给卫星数据公司 Orbital Insights 带来了丰厚的利润。Orbital Insights 自诩可以使“行业透明”。众所周知，他们使用计算机视觉来计算家得宝或沃尔玛等零售商停车场里的汽车数量，以此计算消费者需求情况。新冠肺炎疫情期间，通过观察员工停车场及海运集装箱在陆地和海上的移动情况，他们监测到了工厂生产速度放缓。同样，农民和商品交易商可以清楚地知道某个特定时刻行业供应量是多少：Orbital Insights 的算法通过分析农田的航拍图像来估计此类重要指标。

对于投资者、竞争对手和其他相关方来说，许多类型的经济活动都能从空中观察到，包括连锁酒店的入住率、新房子的建造或翻新、周末休闲划船，甚至是足球和棒球比赛的观众人数。任何利益相关方因为信息保密而获得的优势现在都不复存在了。

卫星不仅仅为公司服务，也可以成为学者及人道主义救援人员重要的研究工具。非营利组织和政府机构可以评估难民营的规模和逃离战乱国家的移民的流动情况。地质学家通过图像寻找采矿机会，科学家用它们来测量这个不断变化的地球。

在 Ditto 实验室，借助计算机视觉，我们对每天发布的数百万张社交媒体图像进行分析，帮助研究人员研究国家范围的公共卫生问题，比如美国许多城市的吸烟率。现在，在疫情期间，我们迫切需要统计人口健康数据：戴口罩的人群

（按性别和年龄划分），哪些人保持社交距离了，哪些人的体温升高了。疫情过后，待我们摘下口罩，预计我们将测量更多的人际互动和情绪，将社交媒体与城市交通摄像头结合起来，并应用我们在第2章讨论的情绪检测算法：哪些城市，哪些人群，现在正在社交？哪些人群心情还比较郁闷？

许多动物进化而来的视力能见范围比人类要大（见图9-4）。前面章节中我曾提到猛禽如何在紫外光谱中看到尿液痕迹。蝴蝶、驯鹿、蜜蜂、蝎子和鲑鱼都可以看到短波长的光，它们借助这些光来捕猎或交配。吸血昆虫，如臭虫和蚊子，利用红外视觉及其身体热量来定位宿主；许多夜间活动的动物，如蟒蛇、巨蚺和响尾蛇，都具有高度调谐的传感器，可以在黑暗中探测猎物的热量。现代的天眼卫星同样配备了广谱传感器，可以观察人类能见度之外的其他波长的光。我们的感知可以因此而扩展——例如，透过树冠可以窥见隐藏其下的古城遗迹。

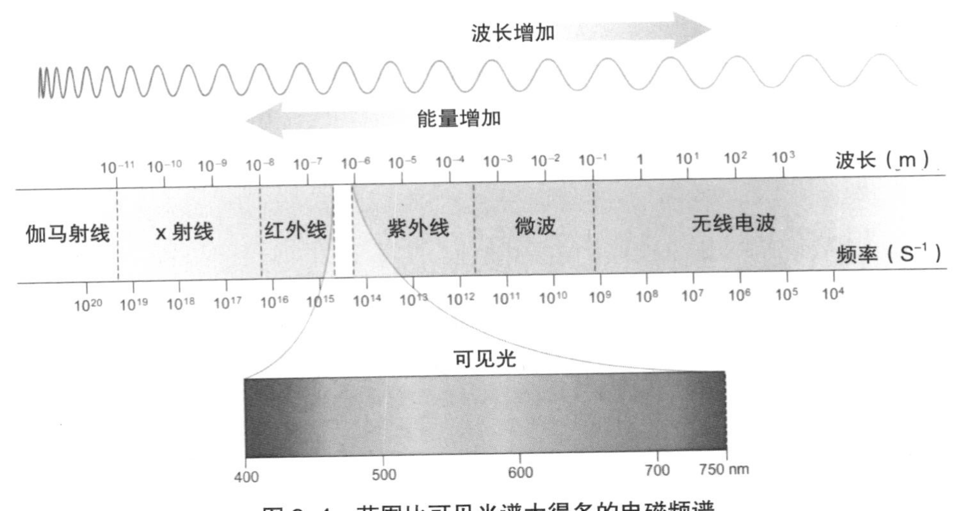

图9-4 范围比可见光谱大得多的电磁频谱

注：电磁频谱比人类所能理解的可见光谱范围要大得多。卫星已具有的新型低成本传感器很快就会被装进智能眼镜，让我们可以穿过墙壁和身体等看到热量。

在第 5 章中，我详细解释了 3D 空间锚定投影如何使废墟和城堡等历史遗迹恢复生气。天空中的超视现在也在帮助我们发现这些遗迹。过去，考古学家之前费力地在杂草丛生的雨林中砍伐出道路等费力和危险的行为现在可以使用装有激光雷达的飞机来完成。这些摄像头以固定频率发出激光，该频率可以“看透”树冠并弹到地面之下，然后计算每个脉冲返回的时间。如果你确切了解飞机发送和接收每个脉冲的时间和位置，你就可以用数学工具重建三维地形。地面上看，田野就是田野，丛林就是丛林。但对激光雷达相机来说，它看到的是一幅极为详细且准确的区域拓扑图，包括曾经在此处矗立过的建筑遗迹。多亏了功能强大的新工具，考古学家发现了英格兰几千年前的石圈遗迹、古代玛雅祭祀遗址，以及吴哥窟附近的一座完整的城市。

最近，卫星仪器被用来分析地球反照（earthshine），即太阳光如何在大气中散射及地球表面如何反射太阳光。所产生的光谱就可以揭示对污染和全球变暖至关重要的气体的浓度和分布情况。2017 年 10 月，欧洲航天局发射了哨兵 -5P 卫星，开创了从太空进行大气监测的新时代。TROPOMI（对流层监测仪器）每天都提供多项全球测量数据，包括臭氧、二氧化氮、碳氢化合物的指示物甲醛、工业污染和火山活动产生的二氧化硫及全球温室气体排放的重要组成部分甲烷等。

“看到”这些微量气体，不仅是一种新形式的“全能全知”，同时也是未卜先知，因为它预测了地球变暖的速度。人类可能会灭亡，而这种每日的行星尺度监控就是记录和证据。它显示了具体的污染源，并标记了谁应该对这些罪行负责。然后，有了这种奥丁似的无所不知的能力，我们可以利用这些信息来做出改变。

人道主义援助和野生动物管理的愿景

起初，我把本章命名为“承担责任”，因为超视，尤其是结合卫星图像后的超视最重要的用途之一，是让人类（包括政府、非营利性组织和个人）对他们的行为及不作为负责。2018 年，美国人向慈善机构捐赠了 4 000 多亿美元，尽管捐赠和产生的影响之间的联系往往不透明，甚至是可疑的。可不可以有一种方法让捐赠者可以亲眼看到善款流向需要的地方呢？超视有能力使慈善捐赠实现数量级增长，因为它能提供更清晰、具体的反馈循环。

用于搜寻矿藏的卫星同样可以用于证明人道主义援助正在按预期部署，而且正在产生影响。例如，如果你为一个水井项目进行了捐款，该项目旨在为需要的人提供清洁水源，你希望确保腐败的地方政府官员不会从高层挪用资金、违背自己的承诺。慈善机构目前的责任机制耗费人力且需要手动操作：他们会记录报告和拍摄照片，并将其发回总部。如果是建造基础设施，如灌溉设施或桥梁，要是从空中俯瞰的话，同样的责任机制会更容易实现。

除了预防欺诈之外，超视还有其他用途。如果通过视觉证据，你能让捐助者一目了然地了解人道主义援助工作的进展，你就更容易吸引更多的捐赠。慈善机构可以提供实地工作的延时记录，作为捐赠一揽子计划的一部分：“学校的地基已经浇筑完成，砖块已经烧制完成，期待你们再次倾力相助！”每个人都想要看到自己带来的影响。

除了责任制和筹款之外，超视还可以帮助人道主义援助组织最大限度地发挥其效力。例如，世界银行利用 Orbital Insights 的卫星图像来衡量城市周围贫民窟的实际规模和增长率，以此衡量庞大人口群体的贫困程度，而通过传统的实地调查方式收集这些数据是不可行的。Orbital Insights 的分析还帮助非政府组织绘制了大规模难民流动的地图，以便了解何地、何时及如何最有效地提供援助。

伦敦的法证建筑公司（Forensic Architecture）使用沉浸式技术绘制战争罪行地图。“法证建筑”是指在法律程序和政治进程中使用建筑证据，为侵犯人权的案件提供建筑证据。该公司是伦敦大学空间和视觉文化方向的教授埃亚尔·魏茨曼（Eyal Weizman）的创意，他组建了一支擅长使用激光雷达成像和视觉搜索算法的团队，将社交媒体上涉及黑暗复杂的人道主义局势的照片拼接在一起，并将其用作法律诉讼的证据。他们在工作中使用超视来调查化学武器、法外谋杀和环境破坏。他们曾经与《纽约时报》合作，通过新闻媒体镜头创建 3D 模型，反驳有国家在叙利亚袭击中放置氯气炸弹的说法；也曾通过使用远程热像仪、天气数据和其中一名幸存者拍摄的镜头，证明希腊海岸警卫队应对 43 名土耳其寻求庇护者的溺水负责，这名幸存者手腕上贴着防水摄像头；他们还使用机器学习来帮助训练算法，帮助识别世界各地未爆炸的催泪瓦斯罐图像。

动物同样也会从超视中受益，前提是不需要考虑斑马的隐私权。为了跟踪非洲广阔的热带草原上斑马和长颈鹿等野生动物的数量，非营利组织 Wild Me 创造了一种算法，可以根据动物特定的斑点和条纹图案识别它们，这些斑点和条纹像人类指纹一样独一无二。首先，工程师们根据他们想要跟踪的每只长颈鹿的照片训练人工神经网络。然后，该公司处理了公园里游猎者拍摄的照片，这些人在不知不觉中为科学研究做出了贡献。带有地理标签的漫游数据有助于自然资源保护者跟踪动物群、研究系谱分组，并收集迁移数据。

计算机视觉也可以帮助濒危物种。目前偷猎仍具规模，很难遏制，而且情况越来越糟。根据世界野生动物基金会的数据，2007 年，只有 62 头犀牛被偷猎者杀害，但 2014 年，这一数字激增约 20 倍，达到 1 300 头。2015 年，联合国估算非洲每天仍有 100 头大象被猎杀。偷猎者容易猎杀这些动物的原因之一是当局很难追踪他们的位置，到处都是开阔的热带草原，不知道该去哪里寻找。庆幸的是，无人机和卫星的视觉更加卓越，而且计算起来有使不完的力气。

利用配备红外摄像头的无人机，动物保护组织“空中牧羊人协会”（Air Shepherd）在夜间从空中扫描热带草原。这是海上鲸鱼保护者“海洋守护者”（Sea Shepherd）的空中版本，但他们的工作是提醒护林员有“温暖的身体”意外闯入，换句话说，不受欢迎的人类闯入了。世界自然基金会也发起了一个类似的倡议，作为他们野生动物犯罪技术项目的一部分，通过公园里边界固定的电线杆和护林员卡车顶上的热摄像头发现入侵者。

不出所料，我们一直在讨论的许多技术都是为感知军事态势而被资助和开发的，目前它们被用来帮助遥控无人机有效地消除战略威胁。太空部队信息保密，我不能过多分享！我希望通过这些例子表明，超视的行星尺度应用也可以是高尚的、有用的和鼓舞人心的。

难民营、历史遗迹、犀牛，这些都感觉离我们有点远，是吧？当然，同样的技术也会让我们在自家后院和前院甚至是屋顶上做很多好事。

改造世界：生成式设计神经网络

我们都应该使用太阳能电池板。在过去的 10 年里，可持续能源系统的平均成本下降了约 70%，从 5.86 美元 / 瓦下降到 1.50 美元 / 瓦，所以这在财务上是非常容易理解的。无需押金，支付安装费用后，从第一个月开始每月能节省 100 美元，如果你住在阳光充足的南方，甚至能节省更多。

那我们为什么不使用呢？因为很复杂！数学、物流、税收甚至美学因素都得考虑。许多房主担心安装之后会让他们的房子像电影《绿野仙踪》(*The Wizard of Oz*)中的铁皮人一样闪闪反光。计算出电池板的数量及电池大小还需要了解与太阳能相关的千瓦时等不熟悉的单位。变化总是伴随着风险，无论是实际的风险还是仅仅是感知到的风险。

总部位于波士顿的 Energy Sage 公司，其环保使命是使家家户户电气化。这意味着在屋顶上、电动汽车上、家庭电池系统上、自动百叶窗和可以在你开车回家时预热或预冷的智能恒温器上安装太阳能电池板。该公司与我们在 Continuum 公司展开合作，旨在向潜在客户展示家庭电气化效果，让他们对电气化的想法更满意。利用公开的谷歌家庭卫星图像，我们对太阳能电池板进行尺寸调整，以数字化形式将其覆盖在客户的屋顶上，然后分别向他们展示街道视角及邻居围栏视角的效果图。然后，我们拍摄图像并将图像与“采光屋顶”项目的数据配对，图 9-7 所示的“采光屋顶”是谷歌的一个项目，用于计算太阳能板的节能潜力。一旦你欣赏到电气化家庭的美丽照片，意识到接下来几年你将节省一笔可观的开支，而且手里还有视觉数据和财务数据参考，大胆做出改变就变得十分轻松了。

图 9-7 “采光屋顶”项目里的航拍场景

其他家装项目将受益于类似的超视方法。比如景观美化，一种潜在的高成本复杂项目，有着令人晕头转向的表述、风险，以及迫切需要项目前可视化（见图 9–8）。

图 9–8　人工智能算法可用于场景美化

注：场景分割等人工智能算法自动从谷歌街景和卫星数据中为每一个院子评分，然后由一个生成网络选择植物、树木和家具来设计景观，提升住房的价值、美观度和可持续性。

我在 MIT 一次创业投资比赛中遇到了景观设计师朱莉·莫伊尔–梅瑟维（Julie Moir-Messervy），并被她的工作使命吸引了：给房主信心并提供工具，帮助他们将毫无生气的院子改造成为生机勃勃的户外生活空间。她的公司 HomeOutside 利用人工智能和计算机视觉帮助人们预见后院改造全新的可能性（见图 9–9）。如果院子的设计方案令房主心仪，公司会帮助雇用景观安装工、运送材料，甚至协助促成分摊付款，来帮助房主轻松实现这一愿景。

图 9–9　HomeOutside 使用带有生态偏向的算法重新设计三维住宅景观

景观美化不仅有利于房地产价值：绿植可以过滤空气中引发哮喘的污染物，促进病人康复，夏季消暑，甚至降低犯罪率；适当的本地景观美化完善了生态系统，给蜜蜂和鸟类提供栖居之地，它们又反过来为树木授粉、为植物播种；西南角的遮阳树可以降低对空调的需求，东北角的树篱可以减弱冬季的寒风，同样也可以节省取暖费。树木实际上吸收了我们排放到空气中的有害物质，同时减少了径流和侵蚀，树木越多，捕获的碳就越多，每棵树的一生可以吸收一吨的碳。

“大多数人不会对院子进行任何改动，因为他们不知道从哪里开始。”朱莉告诉我，“他们不知道应该选择哪些植物、如何布置，也不知道如何安装景观设计，时间长了也不会打理。”我很受启发，下决心要解决这个问题，所以我接受了朱莉公司董事会的职位，并为之努力。

根据在过去 20 多年里为客户开发的数千种设计，HomeOutside 正在训练生成式对抗网络，后者可以自动组合美观、可持续的景观设计。公司使用谷歌地球引擎和摄影测量，从任何住所的 3D 视图开始，服务地区目前仅限于美国。然后，生成式对抗网络使用一个生成器网络开展新的设计，使用一个鉴别器网络对设计工作进行判断或评分。两个网络持续迭代、生成然后评分，直到鉴别器认定景观构成合理：遮阴树、自然传粉者、供嬉戏的草地、聚集场所的硬景观、木制平台和家具、植物多样性等。

植物、家具、照明和硬景观公司对这种“想象引擎”（imagination engine）技术极感兴趣，因为它弥合了花园现状和未来可能性之间的概念鸿沟，从而激励更多的人梦想成真。这不仅使房主和户外零售商受益，对环境也很友好。公司专注环境领域的投资者认为，这个项目最吸引人之处是，能够大规模地改造整个社区的景观。如果我们把各家的鸟类和蜜蜂宜居地拼接起来，建造一个横跨数百万住所的新型国家公园，感觉会怎样？每英亩[①]森林每年大约吸收2.5吨碳，如果我们可以把社区打造成重要的固碳区呢？

我帮助朱莉及其团队制定了HomeOutside的宏伟蓝图，主动对7 000万个前院进行重新设计，然后与家得宝、劳氏、Wayfair、宜家及园艺中心等组织合作，给客户发送电子邮件，对其院子进行3D重新设计。客户只需走出家门，打开手机，通过应用程序的空间世界锚定，徜徉于叠加在现实院子上的沉浸式动画景观。延时视图展示了从日出到日落的景观，从中可以了解食材花园选址的理由。眼前冬天的美景也说明了为什么要在相邻的两个院子之间种下杉树。春天鲜花盛开，色彩斑斓。

算法可以重新设计院子、增添新的遮阴树和自然授粉的灌木，人们会对这种想法感到震惊吗？多亏了谷歌街景，你家的前院看起来也似乎不是私人所有了。如果你要卖掉房子，你可能不需要去雇用景观设计师，只需选择张贴HomeOutside的改良版的图像，以最大限度地提高住宅的吸引力。

如果可视化技术变得司空见惯，许多不同的领域将开始利用这项技术。例如，家得宝最近投资了初创公司Hover，该公司在将你家三维数字化后，将新的油漆、壁板和屋顶材料实现可视化，并对其定价。超视将很快向你显示油漆工作人员站在梯子上，完成最后的几下涂刷，所以你也能从刚刚完成的工作中收获愉快的体验。大众汽车公司可能会在你的车道上放一辆新款帕萨特汽车，车顶放置你喜欢的皮划艇和山地自行车。那么想卖给你房子和汽车保险的公司呢？它们会投影灾难场景：太阳能电池板脱落，遮阴树被闪电击中，你的新帕萨特被冰雹击中。所以在你重新粉刷之前最好先买保险。

① 英美制面积单位，1英亩约等于0.405公顷。——编者注

我们将如何与这类沉浸式设计互动呢？戴上超视眼镜，我们会像 3D 版的 Photoshop 一样，点击并放置树木，或者画花时可以选择不同的颜色？我们会从复杂的选项菜单中选择每一种植物来实现高度定制吗？还是我们只需告诉系统自己喜欢什么，这样系统就可以学习我们的偏好，然后提出我们会喜欢的单独解决方案？我相信折中的办法：大多数人更愿意看到几个“固定组合”选项并从中选择，就像我们今天与建筑师、室内设计师或婚礼策划人合作一样。

专家通常非常擅长其专业领域，因此对细节要求过于详细通常是错误的。例如，你不应该告诉建筑师窗户具体安置在哪里，或者告诉室内设计师你想在某个特定角落里放一把指定颜色的椅子。相反，你可以更抽象地来表达想法，比如“我想让房间有更贴近环境的感觉”，或通过描述必要的功能来表达你的想法，如“我们想要菜园”，然后让他们做具体的工作。

我们与超视人工智能的关系很大程度上会是专家指导式交互。至于景观美化，我们可能会需要更为正式的法国花园，带有直线型布局，且具有异国情调的多彩植物，或者需要富有曲线的有机设计，更注重隐私。我们可能表明自己更倾向于开放的玩耍空间，或者生产性花园空间更大的填充方案。当我们表达出更高层次的兴趣时，3D 景观设计将重新计算、动态匹配我们的偏好。戴上超视眼镜，通过叠加在真实住房上，我们可以及时地看到真实情景中的重构画面，也能更迅速地验证我们的预感。

HomeOutside 是否能够利用这项技术说服数百万房主在可持续发展的景观上进行大量投资，目前还没有定论。不过，试验效果很好，客户乐于看到他们的院子被重新设计、重装登场。未来 5 年，HomeOutside 计划在生成性 AI 工具中使用谷歌地球和街景图像，自动重新设计数千万个景观，包括可持续性植物、遮阴树、自然授粉者和对鸟类友好的浆果。如果取得成功，这将意味着 100 万房主将新种植至少 300 万棵遮阴树，如橡树和山毛榉，这些树在成熟期每年每棵将捕获 22 千克碳，即这些树的一生会封存 140 亿吨碳。

HomeOutside 的一位顾问曾总结说："你正在建造一种全新模式的国家公园——属于我们自己的国家公园！像 HomeOutside 这样的可视化工具有能力说服房主重塑美国景观。"这是超视的终极潜力：帮助人们展望并想象一个有利于自己和地球的未来。

想象更加美好的未来

《假如世界是 100 个人的村庄》(*If the World Were a Village*)是我最喜欢的儿童读物之一。它借用一个 100 人的村庄来描述世界的多样性，说明了人群中有多少高加索人、亚洲人，有多少富人、穷人，有多少汽车主人或奶牛主人，等等。这本书将世界人口统计数据解释成儿童可以理解的范围，为儿童和成人提供了一个强大的审视人性的视角。周围世界的真实情况是怎样的，我们知之甚少，这个世界需要足够多的同理心。

理解文化和社会经济的差异至关重要。我们的目光短浅导致了恐惧和种族不平等，以及经济不公平和医疗保健差异，但我们却缺少理解自己狭隘视角外的宇宙的工具。长期以来，我们花了大力气去探究重要问题，这反而影响了我们去解决上述问题。

也许这才是超视在我们生活中应该扮演的最重要的角色：帮助我们看到真正意义的重要问题，并激励我们采取行动善待未来的自己。

图 9–10 “不可忽视的高塔”

通过塑造新的世界观，超视可以被用来捍卫社会正义。对于容易被遗忘的社会问题，我们可以通过增强现实来传递其严重程度。

例如，有一天，你可能正在 Instagram 上随意浏览大自然、食物和朋友的照片，这时多伦多一栋新建摩天大楼的照片吸引了你的目光。感觉很熟悉，但又很陌生。如果你去过多伦多，你会知道高达 1 815 英尺的加拿大国家电视塔（CN Tower）是该地区的地标。新的建筑使国家电视塔相形见绌，前者的高度是后者的两倍半还多。这栋新楼是什么时候建的？它是如何被建造的？几百层的高楼需要多少部电梯来服务？你怎么对此一无所知呢？

虽然看起来很逼真，但这张照片是虚构的，它旨在表明一个观点——想要容纳多伦多所有的贫困人口和无家可归人士，需要多高的建筑。这栋建筑被称作“不可忽视的高塔”（unignorable tower），可容纳 116 317 人（见图 9–10）。

这个想象中的建筑（即使是虚拟的）比数字更生动、更具交际功能。多伦多联合劝募协会（United Way Greater Toronto）

想要唤起大众重视贫困问题并筹集资金解决贫困问题，作为活动的关键，“不可忽视的高塔”唤起了公众对贫困人口及其所经历苦难的重视，其方式更易于理解，也更让人震撼：**将人类大脑无法想象的问题具象化，同时也将解决方案具象化。**

这场活动的目的是呈现该地区的贫困问题，后者就像这栋巨型建筑一样，绝对“不可忽视”。基于该推想虚构图像在社交媒体上引起的轰动，它似乎做了一些好事。但如果活动规模变得更大呢？如果将这栋建筑用AR投射到空中，就像每年9月11日在世贸中心一号大楼以南六个街区的纪念光碑（Tribute in Light）一样，让纽约人纪念曾经矗立在那里的双子塔，会怎么样？将像这样的图像空间投射到城市天际线的能力给超视提供了巨大的机会，可以激发情绪、震撼人心并激励行动，尤其是对于那些我们已经习惯或选择视而不见的隐形问题来说更是如此。

超视也有能力展示我们不希望看到的未来。技术可以生动地展示人类不作为所带来的负面后果，因此激励人们做出改变。这也许是增强现实最重要的功能：**帮助我们清晰看到遥远的未来，因此我们可以采取措施，即日起选择更可取的道路。**

没有什么问题比气候变化更需要这种长期视角的可视化，因为我们很难在自家后院看到它的影响。纪录片中，我们看到了阿拉斯加冰川消退、海平面上升对太平洋岛屿上的社区的破坏以及澳大利亚熊熊燃烧的丛林大火，但我们需要看到的是影响，给我们身边带来的影响，从而激发我们去感受极端的紧迫感（见图9-11）。

图 9-11　超视是记录全球变暖带来影响的时间机器

注：超视可以找到当前视图的历史照片，突出全球变暖带来的影响。

超视可以给我们提供新的视角，观看我们的集体行动对环境造成的破坏。呈现的方式有两种：**回顾过往和预示未来。**

首先，超视可以向我们展示被破坏掉的自然美景，以及取而代之的、我们已经习以为常的充满汽车的环境。通过智能眼镜回到过去，我们可以看到波士顿查尔斯河岸边的自然湿地，此后蒸汽挖掘机进入，建造了联邦大道（Commonwealth Avenue）和富裕的后湾（Back Bay）；也可以看到佛罗里达州的“绿宝石项链”（Emerald Necklace）公园，之后公园被铲平来进行公寓开发和道路修建。

曾任美国副总统的艾伯特 · 戈尔（Albert Gore）深谙此道，总能引起我们的情感共鸣。2006 年，我参加了他的 TED 演讲，他展示了壮观美景因全球变暖而发生巨变。你永远无法想象它过去曾有的样貌：壮丽的冰川山谷，漂浮着的巨型冰层；与之并排对比的是 50 多年后的版本，冰川此时已经萎缩成原来的微型版本。变化令人感到痛心。这些图像对比之所以如此成功，是因为它们将我们正在失去的东西可视化了。眼见才能令人信服。

戈尔的 TED 演讲帮助人们清楚地看到了行为的后果，因此后来诞生了名为《难以忽视的真相》（*An Inconvenient Truth*）的纪录片和书。戈尔使我及其他许多人意识到所有这些自然奇迹都已经消失了，如果我们不改变人类与碳的关系，更多的奇迹将会消失。

如果我们将超视考虑在内的话，通过增强现实，我们可以看到周围的世界曾经的面貌，我们就可以更好地认知过去的行为所带来的后果，有了这种智慧，就可以避免重蹈覆辙。冰川融化、珊瑚礁白化、土壤侵蚀、亚马孙森林砍伐等，所有这些环境现象都应该令人警醒，激励变革。当你戴着超视眼镜在非洲游猎或穿过红杉林时，可以看到现已灭绝的白犀牛幻影和大象一起四处漫步，或者观察到最古老的红杉树曾经矗立的地方。

其次，超视可以帮助我们预见未来，见证暗淡真实版的未来，帮助我们认识到行为的后果。如果我们不采取行动，我们的孩子就将生活在这样的世界上。我们不仅能看到某个特定房子或停车场所在之处曾经的状况，也可以看到同样的场景 10 年、50 年或 100 年后的面貌。如图 9-12 所示，以这种方式预见未来可以更容易理解海平面上升。考虑材料老化、气候变化的影响及地区经济健康状况变化，一个城市在下一代人眼中会变成什么样子？

在《圣诞颂歌》（*A Christmas Carol*）中，查尔斯·狄更斯（Charles Dickens）运用了一种经典的预见技巧来激励脾气暴躁的埃比尼泽·斯克鲁奇（Ebenezer Scrooge）：梦境。梦中展示了黑暗的未来，这是如果他不做出改变就会遇见的未来。我们可以利用超视使用同样的技巧来揭示未来世界将如何受到气候变暖、极端天气和生态系统崩溃等累积效应的影响。如果我们可以将这个未来的画面投射到数百万副超视眼镜上，也许我们会收获毅力和决心，去阻止它在现实中发生。

图 9-12　结合卫星图像和气候数据生成的 2050 年迈阿密的可视化图像

超视赋能的思辨设计为我们现在面临的及未来即将面临的挑战提供了新的视角。有了它，公司、设计师和政策制定者就拥有了一系列沟通能力惊人的工具，以及发布平台，来帮助梦想者设想不切实际、耸人听闻的未来。

2019 年，思辨设计搭档邓恩和雷比（Dunne & Raby）在 MIT 发表了关于其设计专著《思辨一切》（*Speculative Everything*）的演讲。书中，他们提出了概念性的未来假设方法，截然不同于典型的设计目标，如产品的吸引力或可消费性。相反，他们专注于引人深思的作品和设计虚构两个方面。他们的理念让学生和老师们朝着实验方向发展，设计出奇怪且充满问题的“来自未来的人工制品”。

书的结尾有一篇名为《新现实》的短文，十分契合我的设计理念，我也希望你们能接受：

> 为了达到效果，作品需要包含矛盾及认知小差错。相比直接提供方法，作品应强调多个有缺陷的替代方案面临的困境和做出的权衡，不提供解决办法，也不提供更优的办法，只提供新的视角。观众可以自己拿主意。
>
> 这就是我们相信思辨设计可以蓬勃发展之处，即提供高级的乐趣，丰富我们的精神生活、拓宽我们的思维、弥补其他媒介和学科的不足。

它关乎意义和文化，关乎增加生活的可能性、挑战生活的意义、提供替代方案、弱化现实对我们梦想能力的束缚。归根结底，它就是社会梦想的催化剂。

考虑我们目光短浅的大脑的局限性，我们必须做梦，而且做的是关于预见未来的梦。通过我们开发的技术，生动地看到未来的画面：如果我们不做出改变，将会看到怎样的情景，以及如果我们改变了，又会出现怎样的可能性。如果我们能够利用超视收集所有人的集体想象力和创造力，并将其与算法相融合，那么我们会看到美好的事物，也会看到可怕的事物，会看到潜力，也会看到后果。就像狄更斯笔下的斯克鲁奇一样，这些梦境和梦境中的鬼魂向导将具有启示意义，使我们深感震撼并做出改变。

所有这些功能都为超视世界提出了新的工作描述：思辨设计师。通过讲述预见性故事，超视可以把未来展现在当下，并帮助我们马上采取行动。我们可以想象出怎样的反乌托邦的未来？我们怎样阻止其出现？什么样的乌托邦未来，可以让我们概念化、详细说明，然后说服利益相关者去资助并创造呢？思辨设计师可以帮助我们看到美国无家可归危机的范围和日益扩大的规模，或者迫在眉睫的水资源短缺主要源于我们一直都消费动物制品。有了新的视角，我们可能会更好地理解扭转这些危机的紧迫性，并开始携起手来，确保我们希望的未来终将实现。

超视不仅能帮助我们看得更远或更清楚、看得更小或更大、看得更快或更慢、向后看或向前看，它还会迫使我们审视自己的优先事项和价值观，激励我们采取行动、寻求变革。

重新想象与审视世界，以三大行动开创势不可当的未来

长期以来，人类一直梦想着拥有超能力：透视墙壁的 X 射线视觉、鸟瞰视角的无所不知，或预见未来的洞察力。很快，这些超能力就会成为下一副眼镜的标配。

让美梦成真的技术可能根本不像技术，而像在晴朗的天气里戴墨镜一样，你的眼睛会马上适应，只有当你摘下墨镜时，才会记得刚才戴着墨镜，但是它们会改变我们看世界的方式，从而改变我们眼中的世界。眼镜会给我们带来海量的信息，加强我们与他人的联系，加深我们的理解，丰富我们的生活。由于这项技术是嵌入式的，因此监控、过滤泡沫和动态换脸等反乌托邦式的可能性也接踵而至。我希望本书能提出问题，引发批判性的对话，同时对我们将创造出的新世界传达绝对的敬畏感、新奇感和怪诞感。

过去的 10 年里，移动技术重塑了我们的生活，超视同样也将彻底变革人机交互模式，使之更无形、无时不在、与现实世界融为一体。人际关系、企业及整

个行业都将发生变化，拥抱这个平台的商业领袖会视其组织和个人为有先见之明的英雄。超人的远见不仅仅为无敌金刚[①]等被选中的少数人所专有，相反，它应该是为所有人共享的民主化技术。

塑造新的未来时，我致力于建立以人为本的超视体验。这种体验不会独占我们的注意力、影响社交互动，不会与现实世界脱节，也不需要广告驱动的商业模式。如果你认同这些价值观，我希望你也确保能这样做。

我们已经探讨过社会有能力也应该应对超视带来的变化，但我建议现在就可以采取一些具体的行动。

把自己塑造成来自另一个星球的人类学家

周围的世界发生着变化，新的技术和可能性呈指数级增长，我们很容易感到不知所措，因此，每个人都必须决定，我们是要以僵化、怀疑的态度迎接深刻变革，还是以学习的心态迎接深刻变革。

为了保持开放的心态和敏捷的思维，遇到新事物时，我就把自己当成充满好奇的人类学家，对研究新事物给自己、同事和家人带来的影响很感兴趣。我试着放下最初的判断、理解推出任何新产品所必需的团队付出和资金投资，就像第一次见到一样试验新产品或新工具：考虑它能带来什么好处，以及其发明者没有预料到的次级效应。没错，我的行为让家人很抓狂，因为我们会测试并经常退回每一款语音控制、联网、基于计算机视觉的家电、玩具和机器人。家里的每个房间

① 同名美剧中的主人公，在受了致命伤后被改造，拥有很多超能力。——编者注

都有环境显示器、触屏茶几或数据投影台面，根据房间里的人数进行投影，还有便利贴，上面潦草地写着使用这些设备的功能所需的手势或关键词。同时我的家人也在学习了解这些新事物。

投身游戏，评估空间计算的潜力

如果你有能力，可以购买 VR 头显和 AR 眼镜来学习使用。现今最棒的沉浸式体验来自 Beat Saber、HalfLife、Skyrim 和 Madden 等游戏，它们将教你关于互动的惯例，如光线投射移动、空间化音频的力量、设计良好的登录体验等。尝试并形成自己的观点，思考这些经验中需要改进什么，使它们在不同的情境下对不同的观众群体更有益、更具吸引力。如果你作为超视产品顾问被邀请到公司，你会首先建立什么产品原型？超视可以帮助解决什么问题？你会首先登陆哪个滩头市场[①]？

深入你最感兴趣的内容领域和应用领域，比如音乐教育、建筑或远程呈现和协作体验。有一些计算机视觉应用程序可以为运动等爱好及动机访谈等社交技能插上翅膀，帮助你更好地了解街头艺术或生态可持续性的含义。即使你不是程序员，你也可以开始自行设计超视体验，这将有助于增进了解、激励行为、促进合作、增强沟通，或提升说服力。如果没有适合你的 AR 应用程序，那么就自己创建一个！

① 滩头指河、湖、海岸边的滩地，是登陆作战中首先要抢占的阵地。此处的滩头市场指超视进入市场时首先要抢占的市场。——编者注

举办编程马拉松，参与设计冲刺，资助原型机

如果你是企业经营者或产品经理，你一定拥有众多拥抱超视的动机。产品的3D演示可以帮助客户或新员工更好地理解其制造过程和功能吗？你会把这种体验“放置”在哪里，以使更多的人会偶然发现？不妨实验一下，授权内部研究团队或者聘请外部的设计创新公司，将一些有前途的超视服务制作成原型机。了解这个新世界的最佳方式就是创造和测试。通常，为期一周的设计冲刺或编程马拉松中会出现最高效的学习。我建议与当地大学及AR软件或硬件产品公司合作，并在你的公司举办一场编程马拉松。SuperSight.world网站存有AR活动、项目想法和设计合作伙伴列表。

本书一开头我就惊叹于人眼的生理奇观，达尔文也对此非常震惊，以至于认为这只能由智能设计制造出来，这颇具讽刺意味。正如我们所看到的，人类神奇的眼睛将很快会得到升级，进化到拥有超乎想象的新能力。随着人类的视野得到增强，我们都将更加迅速地获得知识、提升洞察力、了解彼此，预见未来的能力也会提升——预见人类的未来及地球的未来，无论是好是坏。

让我们用这进化的新眼睛来重新想象、重新审视世界，描绘一个更美好的未来，一个更可靠、更具吸引力及势不可当的未来。

超视的六大危害

整本书中，我找出了超视的 6 种明显的危害。表格中列有各项危害，以及相应的应对方法。

危害	应对方法
社交绝缘 计算机视觉会把你困在自己的世界观中，从而造成与他人相互沟通、相互理解、产生共鸣的能力受到阻碍	与他人共享信息层。例如，上课时，大学生们也希望能够看到跟自己走过国家公园或观赏音乐演出时相同的内容。为了使两个人共享彼此看到的内容，像超视眼镜的“共享屏幕”功能一样，或者类似于视觉版的耳机分流器，我们可能会发明一些特定的姿势来启动这些功能，比如碰拳，或从远处相互点头致意

危害	应对方法
监视状态 摄像头既可以穿戴在身上，也可以安装在任何地方，比如学校走廊或是门铃上。这些无处不在的摄像头会前所未有地为政府和私营公司提供个人的罪证资料	必须立法才能解决问题。政府和立法部门必须制定新的保障措施和法律，来保护人们的隐私、保障其成为“透明人”的权利。我们要制定新法规，通过建立严厉的惩罚措施来保护视觉隐私，欧洲的《通用数据保护条例》（*General Data Protection Regulation*）就是这么做的。所有的超视服务都要设计删除按钮，让每个人都有权看到从自己身上收集到了哪些视觉数据，并有权将其删除
认知拐杖 一旦我们不再练习某项技能，任何辅助技术都会造成这些技能的衰退，比如生火、写字、记忆、看地图、开车等	在智能眼镜中安装一些任务及游戏。在没有提示的情况下引导对话，做出富有挑战性的临时决策，甚至是在风暴中使飞机着陆，那么你的能力就不会衰退了

危害	应对方法
说服无所不在 在计算机视觉时代，公司和品牌不仅能够看到我们的搜索历史和事件日历，还能够看到我们看到的事物及什么样的内容能够吸引我们的注意力	为了避免公司掌握我们过多的信息或是因此对我们产生影响，个人资料和偏好信息必须由消费者控制，并且只有在消费者认为合适的时候才能共享，比如为了实现个性化或是换取便利。这些偏好信息应该像洋葱的结构一样，像“坚果过敏”这类的公开偏好可供任何餐馆使用，而像“信用评分”这类更私密的偏好只能作为交易的一个环节，且不能保留。这种“偏好洋葱”的透明度和可编辑性亟待成为一种新规范
训练偏差 我们的生活越来越依赖自主系统，但我们往往不清楚系统的准确性及训练数据的具体内容。当今，许多人工智能系统不够透明，我们无法解释系统运行过程及给用户提供建议的确切原因	计算机视觉驱动的医疗、执法和驾驶系统有着自己的判断和行为，为确保人们对这些系统的信任，我们必须建立新型且更具包容性的数据库，寻求更有力的法律保护。现在就有机会通过建立跨公司联盟来汇总并共享这些数据，为所有人消除偏见。另外，针对每项推荐，我们还必须加入可信度评分及易读且可解释性机制

危害	应对方法
服务部分人的超视 社会不平等的概念在早期都会根深蒂固，所以我们必须确保不会创建一个只有特定群体才能享用超视的数字种姓制度	为确保资源有限的人也能够获得与超视相关的工具和知识，我们能做的还有很多。政府和慈善家应该建设基础设施、提供免费的计算机视觉接入，使人们就像置身于公共图书馆一般，这样超视的教育力量就能惠及最需要的人群。技术最显著的特征之一就是越来越平价。智能眼镜也将迅速滑进这一不可避免的大众化斜坡，从神乎其神、不可名状变得司空见惯、理所当然

空间计算的 14 个通用设计原则

虽然和不同项目的合作者讨论相关问题花了些时间，但我已经为增强空间计算体验开发了一套通用的设计原则。我希望当你创建学习、协作、远程呈现等体验，或是创建其他应用程序时，这些原则也会对你有益处。

1. 确保你正在解决空间问题

如果你不需要在现实世界放置信息，那么就或许不需要增强现实技术。开始之前，仔细考虑你试图解决的问题，以及你希望传递的信息或体验。再多一种媒介就够了吗？增强现实需要大量的开发工作，并且需要可视的线索向人们传递它的价值。要确保恰当地使用增强现实这种新媒介的独特力量：必须将信息定位在现实世界中，固定在物体或人身上。当信息以三维形式呈现时，这些信息就会更好理解。

2. 增加有形的事物

例如，Curiscope 公司设计了一款 T 恤来教授孩子解剖学：增强现实技术在

T 恤上投射一颗正在胸腔里跳动的心脏。使用衣服作为锚定场所，定位和效果都比空中悬浮的心脏更吸引人。

3. 给视野留白

运用“15%”规则：留 85% 的视野来观察世界，然后用增强现实的内容填充剩余的 15%。这条规则也适用于时间。尽量让你的增强现实内容与场景相关，这样在 85% 的时间里，视野显示都是清晰的。

4. 揭示看不见的事物

物体上的文字标签虽然有用，但超视能显示更多信息：显示出让人惊奇的、实用的或者富有洞察力的内容，如 X 线视觉、星系或者微米级尺度的缩放、超慢速运动，或者岁月洗礼下城市的延时摄影，又或者将复杂的总体数据可视化，如风险云。

5. 使用多模态反馈

人们总是会把不同的模态融为一体。例如，香水的香味与瓶身设计相辅相成，电影的音效与摄影画面相得益彰。所以说，可以将触觉、听觉与视觉线索相互组合进行反馈。先尝试多种模态，如果模态过多，之后适当缩减。

6. 鼓励使用自然手势

某些手势在我们的脑海中根深蒂固，比如嘘、大声说、看这边。与其教人们学习全新的手势，不如使用我们熟悉的手势。例如，谷歌地球虚拟现实中，过渡到街景的手势就是将你的非惯用手拉向脸前，看起来就像凝视着水晶球。

7. 直接关注要点

超视虽然能在任何地方投射关键信息，但问题在于，观看投影的人可能会因搞错投射方向而错过具体细节。解决方法就是在重要细节处着墨，就像写记叙文一样，观众会情不自禁转过身来观看投影内容。可以通过制造火花或者发出声响来吸引观众注意。

8. 利用投影共享体验

如果你在设计集体体验，相比让每个人都戴上智能眼镜来同步视图，通过投射光束对物体本身进行增强要简单得多。这样就确保了所有人都能看到同样的混合现实场景，并能确保所有人眼前的内容相同。在 MIT 的 CityScope 项目中，我们在乐高城市模型上投影城市热图，对区域适合步行的程度和交通拥堵情况进行了直观展示，这样就可以允许多人共同讨论城市规划方案。

9. 旋转物体或主体，展示不同维度

梅赛德斯 – 奔驰汽车店内，为了展示新车细节，公司会打开店内的汽车回转盘，用增强现实技术展示新车的细节，让人印象非常深刻。《纽约时报》刊登了文章《增强现实：四位你从未见过的最佳奥运选手》（*Augmented Reality*：*Four of Best Olympians*，*as You've Never Seen Them*），文章描绘了增强现实投影的一名花样滑冰运动员正在半空中完成四周跳，以及一名倾斜在转弯处的短道速滑运动员。在运动员周围走动时，当视线相对于投射的模型发生改变时，你会欣赏到增强现实场景的视差和维度。

10. 以强大的视场[①]作引领

大多数三维工具和增强现实交互都有繁多的选项和强大的界面，用以控制数百个参数。相反，你可以通过人工智能做出有根据的猜测，从而立即实现价值传递。比如，可以从完整的房间开始设计，而不是先完成放置每把椅子都需要 10 次点击的家具目录。生成重新美化过的开满鲜花的院子，展示过引人注意的内容后再去优化细节。否则，你的客户可能永远完成不了诸多琐碎的步骤，即使这是完成最终成果所必需的。

11. 不要乱丢空间垃圾

若增强现实无处不在，游戏公司、产品制造商、电子商务品牌和用户们，会在已经构建起的增强现实环境中填充虚拟角色，使用手册、价格标签和音频片段的空间链接。作为一名 AR 设计师，你需要考虑创建的数据层的受众范围与其持久性。也许数据层只为某用户的朋友或某项目团队保留，又或许应该在每天结束或项目结束时清零。

12. 设计不定期交互活动

AR 中一些最佳交互活动只持续几分钟，比如沃比帕克眼镜公司的虚拟眼镜试戴服务。不足一首流行歌曲的时间，人们就能对购买合适的眼镜产生信心，然后订购一次上门试戴服务。不需要让人们在你的应用程序里待上几个小时，相反，要鼓励他们少时多次地进入程序。

---

① 视场（field of view，FOV），AR 显示器与眼睛的角度，可以从光学上将虚拟层与现实世界结合起来。视场越大，对计算能力、分辨率、尺寸、重量和能量的要求则越高。人类的视场是 180 度。今天，性能最好的 AR 眼镜提供的视场为 40 度到 50 度。

13. 使用削减实境复原重点

不要忘记设计可以从视图中移除内容，而不是一味添加内容。超视版广告拦截器，有人设计出来吗？这应该会彻底颠覆谷歌的商业模式。

14. 使用 AR 跟踪动态

静态媒介，如印刷品，可以[①]

如果你正在积极地设计 AR 体验，我很渴望了解你的设计原则。这是一种新的媒介，我们一起学习吧！

① 下面的黑色部分是可调整的内容，AR 会根据自己跟踪到的动态对其进行调整。——编者注

致 谢

科幻作家们通过书籍预见并想象出元宇宙，如尼尔・斯蒂芬森、菲利普・K. 迪克（Philip K. Dick）、威廉・吉布森（William Gibson）、恩斯特・克莱恩（Ernest Cline）、丹尼尔・苏亚雷斯（Daniel Suarez）等，艺术家们则将这些故事搬上银幕，这些人值得所有未来学家们由衷地感谢。现在，我们都真正生活在科幻时代。

1990 年，我第一次走过 MIT 旧媒体实验室外的贝聿铭拱门。自那时起，我就有机会畅游在媒体实验室这个充盈着大量计算的未来世界中，这里涵盖了教育、运动、创意、交通、食品、城市、歌剧等范畴。感谢尼古拉斯・尼葛洛庞帝（Nicholas Negroponte）、穆里尔・库珀（Muriel Cooper）、帕蒂・梅丝（Patti Maes）、石井宏、肯特・拉森（Kent Larsen）和罗萨琳德・皮卡德，感谢你们创造了这个地方，在我近乎整个成年生活中，这个地方一直是我的思想源泉，也给我带来了多位合作伙伴。

具体到本书，我与许多创意伙伴和项目合作伙伴进行了讨论，并从中受益良多。这些人包括：尼尔・梅尔、乔舒亚・瓦克曼、阿德里安・韦斯特韦、普里特什・甘地（Pritesh Gandhi）、马克・辛德勒（Mark Schindler）、哈尼・阿斯福尔（Hani Asfour）、格尔德・施梅塔（Gerd Schmieta）、乔治・怀特（George

White)、西蒙·赫佐格（Simon Herzog）、乔希·霍纳克（Josh Honaker）、里克·博罗沃伊（Rick Borovoy）、马特·科塔姆（Matt Cottam）、吉拉德·罗森茨魏希和哈里·奈尔。

感谢乔丹·戈德斯坦（Jordan Goldstein）和戴维·根斯勒（David Gensler），感谢你们提供的一年期根斯勒研究资助项目，让我能深入探讨反应灵敏且自动感知式工作空间的未来。阿里·阿德勒（Ari Adler）、托德·范德林（Todd Vanderlin）以及 IDEO 公司的天才团队，我要感谢你们在手势界面项目中与我 长久的友好关系与合作，这个项目未来会非常重要。

对于我刚结识的来自 EPAM Continuum 公司的合作伙伴，我想说，与你们一起合作非常愉快。你们满怀爱心和谦逊，沉浸在科学中，欣赏着以人为本的设计和系统思维的复杂。感谢高拉夫·罗哈吉（Gaurav Rohatgi）、巴克·斯利珀（Buck Sleeper）、克里斯·米肖（Chris Michaud）、乔纳森·坎贝尔（Jonathan Campbell）、克丽丝滕·海斯特（Kristen Heist）、埃里克·博格纳（Eric Bogner），还有许多其他人，感谢你们提出了未来学家这个称号，并鼓励我在运动训练、家庭保健和沉浸式计算领域进行人工智能和计算机视觉实验。

克里斯·麦克罗比（Chris McRobbie），感谢你设计本书封面，感谢你总结出超视的设计原则，更感谢你成为我们坚定的设计合作伙伴，助力我们探索超视这个混合现实的新“材料”并提升其上限。

对于像马拉松一样漫长的写书过程，我要感谢我坚定的经纪人托德·舒斯特（Todd Shuster），感谢他的配合，也感谢他把我介绍给乔治娅·弗朗西丝－金（Georgia Frances-King），也就是我精力充沛的文本结构编辑兼合作伙伴。利娅·威尔逊（Leah Wilson），你是一位了不起的编辑，因为你精简了我冗长的故事，磨砺出了我极度乐观的预期。感谢你对这个项目的奉献和对 BenBella 团队所做的协调工作，这个团队成员都才华横溢，做事专注，合作起来也非常愉快。

写这本书时，我从许多不同领域的专家那里学到了很多，他们帮助我思考AR对他们各自领域可能会产生什么样的影响，包括从埃米·特拉韦尔索那里了解了AR对烹饪的影响，从李镇河那里了解了AR对3D空间协作工具的影响，以及从苏珊·康诺弗那里了解了AR对皮肤病学研究中计算机视觉的影响。特别感谢朱莉·莫伊尔·梅瑟维和HomeOutside的热情团队，他们带我去学校学习景观设计，还给我创造了巨大的机会，让我得以利用生成式对抗网络和AR帮助人们想象出一个可持续性更强的世界。

我最自豪的，同时也最感激的，就是我在MIT和哥本哈根交互设计学院的学生，他们大胆地构建原型来“思考”，在时间的积淀下，他们已经成长为优秀的发明家、设计师和企业家，现在正为谷歌、微软、苹果、PTC等公司的团队服务，致力于开发出最具创新性的技术体验。

感谢我的家人们，感谢你们的包容，包容我出差教书、参加研讨会，包容我为写书而消失在新罕布什尔州，包容我测试所有的产品原型——尤其是亚当，在所有的AR实验结束后，他可能永远不会跟之前一样了。

未来，属于终身学习者

我这辈子遇到的聪明人（来自各行各业的聪明人）没有不每天阅读的——没有，一个都没有。巴菲特读书之多，我读书之多，可能会让你感到吃惊。孩子们都笑话我。他们觉得我是一本长了两条腿的书。

——查理·芒格

互联网改变了信息连接的方式；指数型技术在迅速颠覆着现有的商业世界；人工智能已经开始抢占人类的工作岗位……

未来，到底需要什么样的人才？

改变命运唯一的策略是你要变成终身学习者。未来世界将不再需要单一的技能型人才，而是需要具备完善的知识结构、极强逻辑思考力和高感知力的复合型人才。优秀的人往往通过阅读建立足够强大的抽象思维能力，获得异于众人的思考和整合能力。未来，将属于终身学习者！而阅读必定和终身学习形影不离。

很多人读书，追求的是干货，寻求的是立刻行之有效的解决方案。其实这是一种留在舒适区的阅读方法。在这个充满不确定性的年代，答案不会简单地出现在书里，因为生活根本就没有标准确切的答案，你也不能期望过去的经验能解决未来的问题。

而真正的阅读，应该在书中与智者同行思考，借他们的视角看到世界的多元性，提出比答案更重要的好问题，在不确定的时代中领先起跑。

湛庐阅读 App：与最聪明的人共同进化

有人常常把成本支出的焦点放在书价上，把读完一本书当作阅读的终结。其实不然。

时间是读者付出的最大阅读成本

怎么读是读者面临的最大阅读障碍

“读书破万卷”不仅仅在“万”，更重要的是在“破”！

现在，我们构建了全新的“湛庐阅读”App。它将成为你“破万卷”的新居所。在这里：

- 不用考虑读什么，你可以便捷找到纸书、电子书、有声书和各种声音产品；
- 你可以学会怎么读，你将发现集泛读、通读、精读于一体的阅读解决方案；
- 你会与作者、译者、专家、推荐人和阅读教练相遇，他们是优质思想的发源地；
- 你会与优秀的读者和终身学习者为伍，他们对阅读和学习有着持久的热情和源源不绝的内驱力。

下载湛庐阅读 App，
坚持亲自阅读，
有声书、电子书、阅读服务，
一站获得。

CHEERS

本书阅读资料包

给你便捷、高效、全面的阅读体验

本书参考资料

湛庐独家策划

- 参考文献
  为了环保、节约纸张，部分图书的参考文献以电子版方式提供
- 主题书单
  编辑精心推荐的延伸阅读书单，助你开启主题式阅读
- 图片资料
  提供部分图片的高清彩色原版大图，方便保存和分享

相关阅读服务

终身学习者必备

- 电子书
  便捷、高效，方便检索，易于携带，随时更新
- 有声书
  保护视力，随时随地，有温度、有情感地听本书
- 精读班
  2~4周，最懂这本书的人带你读完、读懂、读透这本好书
- 课　程
  课程权威专家给你开书单，带你快速浏览一个领域的知识概貌
- 讲　书
  30分钟，大咖给你讲本书，让你挑书不费劲

湛庐编辑为你独家呈现
助你更好获得书里和书外的思想和智慧，请扫码查收！

（阅读资料包的内容因书而异，最终以湛庐阅读App页面为准）

SuperSight: What Augmented Reality Means for Our Lives, Our Work, and the Way We Imagine the Future

Published by arrangement with Aevitas Creative Management, through The Grayhawk Agency Ltd.

图书在版编目（C I P）数据

AR 改变世界 / (美) 戴维·罗斯著；李莎译. -- 成都：四川科学技术出版社，2023.4

ISBN 978-7-5727-0937-1

Ⅰ. ①A… Ⅱ. ①戴… ②李… Ⅲ. ①虚拟现实 Ⅳ. ①TP391.98

中国国家版本馆CIP数据核字(2023)第056915号

著作权合同登记图进字21-2023-54号

AR改变世界

AR GAIBIAN SHIJIE

著　　者　[美] 戴维·罗斯
译　　者　李　莎

出 品 人　程佳月
责任编辑　朱　光　赵　璐
助理编辑　赵　成
封面设计　ablackcover.com
责任出版　欧晓春
出版发行　四川科学技术出版社
地址：四川省成都市锦江区三色路238号　邮政编码：610023
官方微博：http://weibo.com/sckjcbs
官方微信公众号：sckjcbs
传真：028-86361756
成品尺寸　170 mm × 230 mm
印　　张　19.25
字　　数　385千
印　　刷　天津中印联印务有限公司
版　　次　2023年4月第1版
印　　次　2023年4月第1次印刷
定　　价　109.90元

ISBN 978-7-5727-0937-1

邮　　购：四川省成都市锦江区三色路238号新华之星A座25层　邮政编码：610023
电　　话：028-86361758